"中国森林生态系统连续观测与清查及绿色核算"系列丛书

王 兵 ■ 主编

山西省森林生态连清与 生态系统服务功能研究

孙拖焕 梁守伦 樊兰英
康鹏驹 高瑶瑶 牛 香 等 ■ 著

中国林业出版社

图书在版编目(CIP)数据

山西省森林生态连清与生态系统服务功能研究 / 孙拖焕等著. -- 北京：
中国林业出版社, 2019.7
(中国森林生态系统连续观测与清查及绿色核算系列丛书)
ISBN 978-7-5219-0003-3

Ⅰ.①山… Ⅱ.①孙… Ⅲ.①森林生态系统－服务功能－研究－山西
Ⅳ.①S718.56

中国版本图书馆CIP数据核字(2019)第057254号

审图号：晋S(2018)029号

中国林业出版社·林业分社

策划、责任编辑： 于界芬　于晓文

出版发行		中国林业出版社
		(100009 北京西城区德内大街刘海胡同 7 号)
网　　址		http://www.forestry.gov.cn/lycb.html
电　　话		(010) 83143542
印　　刷		固安县京平诚乾印刷有限公司
版　　次		2019 年 7 月第 1 版
印　　次		2019 年 7 月第 1 次
开　　本		889mm×1194mm　1/16
印　　张		9.5
字　　数		230 千字
定　　价		98.00 元

《山西省森林生态连清与生态系统服务功能研究》
著 者 名 单

项目完成单位：

山西省林业科学研究院

中国林业科学研究院

中国森林生态系统定位观测研究网络（CFERN）

项目首席科学家：

王　兵　中国林业科学研究院

孙拖焕　山西省林业科学研究院

项目组成员：

孙拖焕	梁守伦	刘随存	杨　静	常建国	孙向宁	樊兰英	刘　菊
郭晓东	李任敏	崔亚琴	武秀娟	米文精	康鹏驹	冯建成	魏清华
韩建平	王　琼	李振龙	卫书平	马国强	侯海英	王洪亮	郭建荣
宫建军	岳支红	韩　钦	郝文贵	贺业厚	任建军	张有华	冯建华
姚建忠	郝育庭	杨于军	白继光	冯建军	张　丽	韩　晗	李　勇
韩　兵	李瑞平	胡二利	刘海泉	王志良	栗永红	陈军军	刘　伟
王艳军	牛　香	王　兵	高瑶瑶	刘　润	宋庆丰	黄龙生	王　慧
刘　斌	刘　磊	李园庆					

特别提示

1. 本研究依据森林生态系统连续观测和清查体系（简称：森林生态连清体系），对山西省森林生态系统服务功能进行评估，范围包括大同市、晋城市、晋中市、临汾市、吕梁市、朔州市、太原市、忻州市、阳泉市、运城市和长治市11个地级市。

2. 依据中华人民共和国林业行业标准《森林生态系统服务功能评估规范》（LY/T 1721—2008），针对地级市区域和优势树种组分别开展山西省森林生态系统服务评估，评估指标体系包括涵养水源、保育土壤、固碳释氧、林木积累营养物质、净化大气环境、生物多样性保护、森林游憩7项功能20个指标，并首次将山西省森林植被滞纳TSP、PM_{10}和$PM_{2.5}$指标进行单独评估和发布。

3. 本研究所采用的数据：①山西省森林资源数据集，由山西省林业科学研究院提供，2016年年底的林地变更数据，根据2015年度一类资源清查规则进行汇总，同时利用2015年度一类资源调查结果进行总控，确定各地级市林地总面积以及各类林地面积；②山西省森林生态连清数据集，来源于山西省森林生态监测网络体系和国家级森林生态系统定位观测研究站共13个森林生态站的监测数据；③社会公共数据，来源于我国权威机构公布的社会公共数据。

4. 当现有的野外观测值不能代表同一生态单元同一目标林分类型的结构或功能时，为更准确获得这些地区生态参数，引入了森林生态功能修正系数，以反映同一林分类型在同一区域的真实差异。

凡是不符合上述条件的其他研究结果均不宜与本研究结果简单类比。

序

关于生态文明建设，习近平总书记指出："我们既要绿水青山，也要金山银山。宁要绿水青山，不要金山银山，而且绿水青山就是金山银山。"山西省的绿水青山价值几何，关系到山西省生态建设成果，也是检验山西省林业成就最好的方法。传统评价林业工作的指标主要有森林覆盖率、蓄积量，难以代表森林的质量和生态服务功能，大大低估了森林的实际价值。森林生态系统服务价值评估，是算清"绿水青山价值多少金山银山"这本账的关键，将森林生态服务功能价值货币化，不仅让人们直观地认识到森林的货币价值，从更高层面上讲，有效推动生态 GDP 核算，推进经济社会发展评价体系的完善。这是山西省第一次全面系统评价森林功能、作用和贡献的有益探索，对弘扬生态文明新理念、开启国土绿化新征程、谱写绿化山西新篇章，具有重要的现实意义和深远的历史意义。

近年来，森林生态系统服务价值评估成为国内外研究的热点之一。自 20 世纪 80 年代以来，我国开展了大量森林生态系统服务功能评估方面的研究工作，也取得了众多成果。从"八五"开始，国家林业局在已有工作基础上，积极部署长期定位观测工作，不仅建立了覆盖主要生态类型区的中国森林生态系统定位观测研究网络（简称 CFERN)，对森林的生态结构、功能和过程进行长期定位观测和研究，获得了大量的生态连清数据，并对"九五""十五"期间全国森林生态系统涵养水源、固碳释氧等主要生态服务功能的价值量进行了较为系统、全面的评估，并公开向社会发布。

山西省森林生态系统服务功能价值评估始于 2013 年，在山西省发展改革委员会立项（《关于山西省森林生态系统监测网络建设可行性研究报告的批复》晋发改农经发〔2013〕2293 号），开始了全省森林生态定位观测站建设和森林生态服务价值研究。依据山西省生态林业区划，结合森林生态类型区划分，历时 5 年，在全省建立了 10 个省级森林生态站，与已有的 3 个国家级生态站，构建山西省森林生态系统监测网络体系，包括 3 个国家级森林生态站（太行山森林生态站、太岳山森林生态站、山西吉县黄土高原森林生态站）和 10 个省级生态站（芦芽山森林生态站、金沙滩森林生态站、关帝山森林生态站、中条山森林生态站、太原市城市森林站、五台山森林生态站、太行山森林生态站、右玉森林生态站、偏关森林生态站、临县森林生态站）。山西省森林生态系统监测网络体系在布局上能够充分体现区位优势和地域特色，兼顾了森林生态站布局在国家和地方等层面的典型性和重要性，已形成层次清晰、代表性强的森林生态站网，可以承担相关站点所属区域的森林生态连清工作。

2013 年至今，历经 5 年时间，以国家林业局森林生态系统定位观测研究网络为技术依托，汇集 13 个森林生态站的生态连清数据，遵循行业标准，对森林的 7 项生态功能进行了价值研究。评估结果显示，2016 年山西省森林生态服务总价值量为3172.64 亿元，每公顷森林的价值量为 6.37 万元。

本书充分反映了山西省林业生态建设成果，将对确定森林在生态环境建设中的主体地位和作用具有非常重要的现实意义，并有助于山西省开展生态服务资源负债表的编制工作，推动生态效益科学量化补偿和生态 GDP 核算体系的构建，进而推进山西省林业由木材生产为主转向森林生态、经济、社会三大效益统一的科学发展道路，为实现习近平总书记提出的林业工作"三增长"目标提供技术支撑，并对构建生态文明制度、全面建成小康社会、实现中华民族伟大复兴的中国梦不断创造更好的生态条件，帮助山西人民算清楚"绿水青山价值多少金山银山"这笔账。

2018 年 12 月

前　言

　　森林是陆地生态系统的主体，为人类社会提供各种生态产品，包括涵养水源、保持水土、清洁空气、生物多样性保育等。森林生态系统服务评估有助于从传统国民经济核算体系走向经济、环境与社会一体化核算体系。现行国民经济核算体系中没有对资源消耗和环境损害进行度量，不能反映自然资源、生态系统服务的价值变化，是一种对经济发展的可持续性有缺陷的估量方法。尽管目前已经出现了关于"绿色GDP"的核算研究，但"绿色GDP"反映的是环境资源损失的代价，即经济与环境之间的影响，而没有反映经济与社会、环境与社会的影响，尤其是环境所带来的生态效益与经济、社会的相互关系。将生态系统服务价值纳入到国民经济核算体系中，实现"生态GDP"核算已成大势所趋。用"生态GDP"指标评价生态文明建设，将有助于推动形成建设"美丽中国"的新浪潮。

　　从"八五"开始，国家林业局在已有工作基础上，积极部署长期定位观测工作，建立了覆盖主要生态类型区的中国森林生态系统定位观测研究网络（英文简称CFERN），对森林的生态结构、功能和过程进行长期定位观测和研究，获得了大量的数据，并在服务功能评估等关键技术上取得了重要的进展。借助CFERN平台，"中国森林生态服务功能评估"项目组，2006年，启动"中国森林生态质量状态评估与报告技术"（编号：2006BAD03A0702)"十一五"科技支撑计划；2007年，启动"中国森林生态系统服务功能定位观测与评估技术"（编号:200704005)国家林业公益性行业科研专项计划，组织开展森林生态服务功能研究与评估测算工作，对"九五""十五"期间全国森林生态系统涵养水源、固碳释氧等主要生态服务功能的物质量进行了较为系统、全面的测算，为进一步科学评估森林生态服务功能的价值量奠定了数据基础。

　　2015年，由国家林业局和国家统计局联合完成的"生态文明制度构建中的中国森林资源核算研究"项目的研究成果显示，与第七次全国森林资源清查期末相比，第八次全国森林资源清查期间年涵养水源量、年保育土壤量分别增加了17.37%、16.43%；全国森林生态系统服务年价值量达到12.68万亿元，增长了27.0%，相当于 2013 年全国 GDP 总值(56.88 万亿元) 的 23%。该项研究核算方法科学合理，核算过程严密有序，内容也更为全面。

　　为了客观、动态、科学地评估山西省森林生态系统服务功能，准确评价森林生态效益的物质量和价值量，提高林业在山西省国民经济和社会发展中的地位，山西省发展和改革委员会于 2013 年立项启动了山西省森林生态定位观测站建设和森林生态服务价值研究，山西省林业科学研究院为承担单位，以该项目建设和研究成果为基础，以中国森林生态系统定位观测研究网络（CFERN）为技术依托，完成了山西省森林生态效益的首次评估，并通过新闻发布会向社会公开发布。本研究不仅反映了山西省林业生态建设的成果，同时以价值量这种直观的方式，提高人民对森林生态系统服务功能价值的认识，推动生态效益科学量化补偿和生态 GDP 核算体系的构建，加快推进林业现代化建设，达到建设生态文明和美丽山西的总体目标。

著者
2019 年 5 月

目 录

第一章

山西省森林生态系统连续
观测与清查体系

山西省森林生态系统服务功能研究基于山西省森林生态系统连续观测与清查体系（简称山西省森林生态连清体系）（图 1-1），指以生态类型区为单位，依托国家现有森林生态系统定位观测研究站（简称森林生态站）、山西省森林生态系统监测网络体系，采用野外长期定位观测技术和分布式测算方法，定期对山西省森林生态系统进行全指标体系观测与清查，它

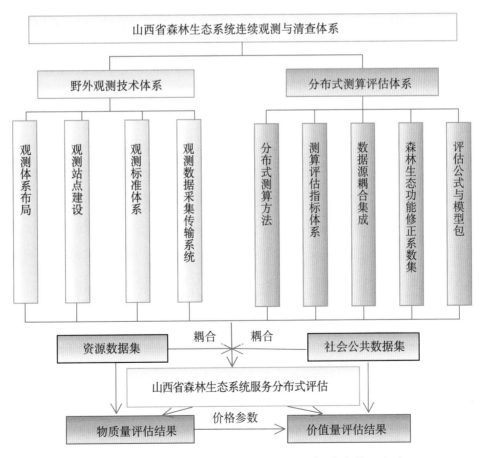

图 1-1 山西省森林生态系统连续观测与清查体系框架

与山西省森林资源二类调查资源数据相耦合，评估一定时期和范围内的山西省森林生态系统服务功能，进一步了解山西省森林生态系统服务功能的动态变化。

第一节　野外观测技术体系

一、山西省森林生态系统服务监测站布局与建设

野外观测技术体系是构建山西省森林生态连清体系的重要基础，为了做好这一基础工作，需要考虑如何构架观测体系布局。国家级森林生态系统定位观测研究站、山西省森林生态监测网络体系两大平台，在建设时坚持"统一规划、统一布局、统一建设、统一规范、统一标准、资源整合、数据共享"原则。具体布局和建设方法如下：

（一）森林生态类型区划分

区划指标筛选：在对国内外区划指标分析的基础上，海选森林生态类型区区划指标集，并收集二类清查数据，通过相关分析删除与森林生长与功能相关性不强的指标，确定初选指标体系。区划指标体系的确定依据"海选→初选→定量筛选→定性筛选"的方法。

指标区间确定：确定区划指标基础上，收集二类清查资料中山西优势树种（组）的生长数据，通过生长—林龄关系模型更新数据库，构建林分生长（以 D^2H 表征，D 为胸径，H 为树高）对区划指标的响应模型，根据模型曲线变化特征确定各指标的划分区间。

森林生态类型区划分：收集各区划指标数据，其中点状数据应用地理信息系统的反距离权重插值法构建面状数据。在此基础上，根据各指标划分区间，形成专题区划图，应用叠置分析将专题区划图叠加成森林生态类型区划初图。图中完全重合部分为均质区域，破碎区域根据合并标准指数 (Merging Criteria Index，MCI) 进行判断，若其 MCI ≥ 75%，则作为独立类型区，若 MCI < 75%，根据长边合并原则合并至相邻最长边区域中。经斑块合并及破碎区域整合，形成森林生态系统类型区划分终图，如图 1-2 表示。其中 MCI 的计算公式为：

$$\text{MCI} = \text{Min}\,(S_i, S) / \text{Max}\,(S_i, S) \tag{1-1}$$

式中：S_i——待评估森林分区中被切割的第 i 个多边形面积，i=1，2，3，…，n；

　　　　S——该森林分区总面积减去 S_i 后剩余面积。

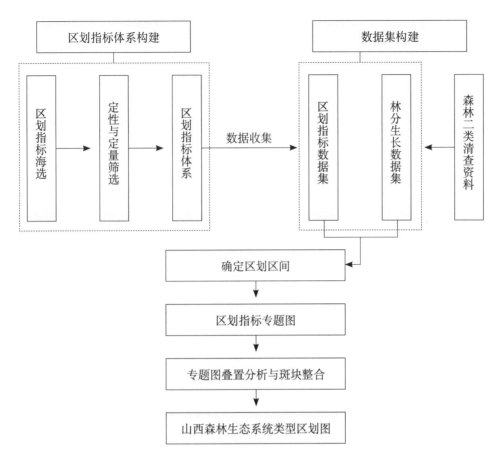

图 1-2　森林生态类型区划分技术路线

（二）典型森林生态系统选择及布局

1. 立地类型及流域划分

基于坡度＋坡向＋土厚组合进行立地类型划分，其中坡度分为平坡（PD ≤ 5°）、缓坡（5°＜ PD ≤ 15°）、斜坡（15°＜ PD ≤ 25°）和陡坡（PD ＞ 25°）四级，坡向分为阴、阳坡两级，土厚分为薄土（≤ 30 厘米）和厚土（＞30 厘米）两级。将坡度、坡向及土厚分布图叠加，形成立地类型分布图。

应用数字高程模型（DEM），采用地理信息系统的水文分析提取河网，基于河网分布和分水岭位置进行流域划分，流域图和立地图叠加，形成流域—立地类型分布图。

2. 主要监测树种选择及主要森林生态系统类型划分

基于二类清查资料，将树种面积由大到小排序，从大到小统计树种的累计面积，并依次测算累计面积占森林总面积的比例，当该比例达到 80% 以上时，停止累加，将该比例范围内列入面积累加的树种确定为主要监测树种。

根据立地类型划分及主要监测树种选择结果，以主要监测树种＋林龄组＋立地类型（坡度＋坡向＋土厚）组成的指标体系划分主要森林生态系统类型，其中林龄组分为幼龄林、中龄林、近熟林、成熟林和过熟林五级。

3. 理想森林生态系统监测点确定

各森林生态类型区内，以主要森林生态系统类型为统计对象，以下述指标体系为依据，类型区的整体特征（T 类型区）：T 类型区 ={ 森林区域阳坡面积比例、森林区域阴坡面积比例、森林区域平坡面积比例、森林区域缓坡面积比例、森林区域斜坡面积比例、森林区域陡坡面积比例、森林区域薄土面积比例、森林区域厚土面积比例、主要森林生态系统类型的数量、主要森林生态系统加权平均树高、主要森林生态系统加权平均胸径、主要森林生态系统加权平均林龄、主要森林生态系统加权平均郁闭度 }，其中，权重为面积比例。加权平均林龄指数计算中，幼龄林、中龄林、近熟林、成熟林及过熟林林龄组的赋值分别是 1、2、3、4、5。

各森林生态类型区内，测算各主要森林生态系统占森林区域总面积的比例、占种内总面积比例、占种内各龄组总面积的比例、主要森林生态系统的郁闭度（指示主导功能）、主要森林生态系统树高相对离差率（指示立地条件）。其中，树高相对离差率是以某个树种的某一龄组为计算单元，用该林龄组内各主要森林生态系统的树高与龄组内平均树高差值的绝对值除以平均值计算所得。

以上述测算结果为依据，确定代表性森林生态系统评价指标体系（S 森林）：S 森林 ={ 占总面积最大比例、占树种内面积最大比例、占种内对应龄组面积的最大比例，最大郁闭度、最小树高相对离差率 }。将与上述指标集中所有指标统计值均完全相同的森林生态系统视为理想监测系统。

4. 典型森林生态系统监测的布局技术

对某个典型监测系统而言，数据库存在多个与其特征相同的样本，这些样本在空间上或聚集、或离散、或均匀分布，选择哪些空间位置的典型监测系统进行监测是布局研究中的难点。

本研究在确定典型监测系统及其特征的基础上，其中某个典型监测系统相对应样本的搜索、确定方法与流程为：①分析样本在典型流域的分布特征（包括数量分布和空间分布特征）；②从样本分布的所有典型流域中筛选出相似度最高的流域；③若在相似度最高流域中，符合特征的样本仅有 1 个，则记录其所在流域的编号及地理坐标；④若在相似度最高流域中，符合特征的样本仍有多个（2 个及以上），则采用决策树寻优，直到确定其中的 1 个样本及其空间位置；⑤若在典型流域不存在上述样本，依流域相似度由高到低的顺序进行搜索，确定流域后，重复 3~4 的步骤，确定监测样本及其空间位置。最后，在数据库中为每个典型监测系统确定 1 个相对应的样本，作为该森林生态系统生物、立地等因子的监测场所。综合所有典型监测系统所对应样本的位置信息，确定典型监测系统的布局。类型区内典型监测系统选择及布局技术研究的技术路线如图 1-3 所示。

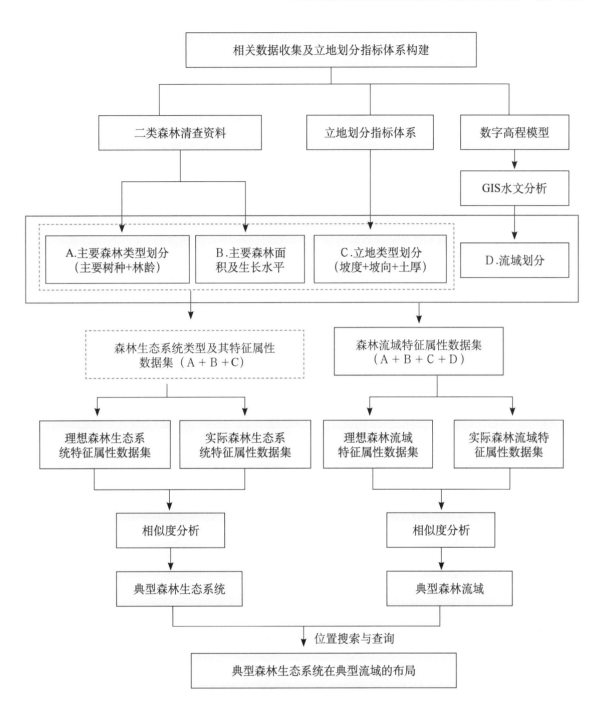

图1-3 典型系统选择及布局技术研究路线

5. 典型监测系统的组网技术研究方法和技术路线

根据森林生态类型区的划分及各类型区内典型森林生态系统的选择及布局研究结果，首先在各类型区中心位置设立基站，对其典型森林生态系统的监测进行管理，构成各类型区内的监测网。设立管理中心，对各类型区内的基站进行管理，构成省域尺度的森林生态系统监测总网。总网构建技术路线如图1-4所示。

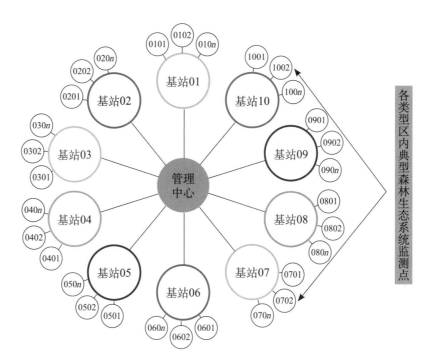

图1-4　典型系统总网构架技术研究路线

6. 子网构建的研究方法和技术路线

根据特征相似性，在数据库中搜索、查询所有和典型森林生态系统特征相近的样本，确定典型监测系统在立地、生长特征等方面的辐射范围。考虑到森林生态系统监测还涉及气象等因子，以站为三角网构建的顶点，应用地理信息系统，绘制泰森多边形，确定各基站气象监测的辐射范围。

泰森多边形是荷兰气候学家 A. H. Thiessen 提出的，根据离散分布的气象站的降雨量来计算平均降雨量的方法，即将所有相邻气象站连成三角形，作这些三角形各边的垂直平分线，于是每个气象站周围的若干垂直平分线便围成一个多边形。用这个多边形内所包含的一个唯一气象站的降雨强度来表示这个多边形区域内的降雨强度，并称这个多边形为泰森多边形。泰森多边形的特性是：①每个泰森多边形内仅含有一个离散点数据；②泰森多边形内的点到相应离散点的距离最近；③位于泰森多边形边上的点到其两边的离散点的距离相等。泰森多边形可用于定性分析、统计分析、邻近分析等。例如，可以用离散点的性质来描述泰森多边形区域的性质；可用离散点的数据来计算泰森多边形区域的数据；判断一个离散点与其他离散点相邻时，可根据泰森多边形直接得出，若泰森多边形是 n 边形，则与 n 个离散点相邻；当某一数据点落入某一泰森多边形中时，它与相应的离散点最邻近，无需计算距离。

建立泰森多边形算法的关键是将离散数据点合理连成三角网，即构建 Delaunay 三角网。建立泰森多边形的步骤为：①离散点自动构建三角网，即构建 Delaunay 三角网。对离散点和形成的三角形编号，记录每个三角形是由哪三个离散点构成的；②找出与每个离散点相邻的所有三角形的编号，并记录下来。只要在已构建的三角网中找出具有一个相同顶点的所有三角形即可；③对与每个离散点相邻的三角形按顺时针或逆时针方向排序，以便下一步连接生成泰森多边形。设离散点为 o，找出以 o 为顶点的一个三角形，设为 A；取三角形 A 除 o 以外的另一顶点，设为 a，则另一个顶点也可找出，假如为 f；则下一个三角形必然是以 of 为边，即为三角形 F；三角形 F 的另一顶点为 e，则下一三角形是以 oe 为边；如此重复进行，直到回到 oa 边；④计算每个三角形的外接圆圆心，并记录；⑤根据每个离散点的相邻三角形，连接这些相邻三角形的外接圆圆心，即得到泰森多边形。

将典型生态系统立地与生长监测的辐射范围、基站气象监测辐射范围与山西主要水系分布图、重点林业工程监测点分布图依主题叠加，构建山西主要水系森林生态系统监测子网、山西重点林业工程监测子网。子网构建的技术路线如图 1-5 所示。

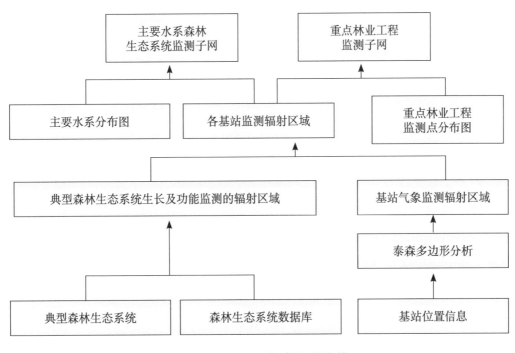

图 1-5 子网构建技术路线

（三）山西省森林生态系统监测网络体系

依据以上布局和研究结果，构建山西省森林生态系统监测网络体系（图 1-6），包括 3 个国家级森林生态站（太行山森林生态站、太岳山森林生态站、山西吉县黄土高原森林生态站），10 个省级生态站：芦芽山森林生态站、金沙滩森林生态站、关帝山森林生态站、中条山森林生态站、太原市城市森林站、五台山森林生态站、太行山森林生态站、右玉森林生态站、偏关森林生态站、临县森林生态站。

山西省各地区的自然条件、社会经济发展状况各不相同，因此在监测方法和监测指标上应各有侧重。目前，依据山西省的自然、经济、社会的实际情况，将山西省分为5个大区，即北部风沙源生态区（涉及大同市、朔州市）、西部黄土高原生态区（涉及忻州市、吕梁市、临汾市）、西部吕梁山土石山生态区（涉及忻州市、吕梁市、临汾市）、中部盆地生态区（涉及忻州市、太原市、晋中市、临汾市、运城市）和东部土石山生态区（涉及忻州市、阳泉市、晋中市、长治市、晋城市），对山西省森林生态系统监测体系建设进行了详细科学的规划布局。为了保证监测精度和获取足够的监测数据，需要对其中每个区域进行长期定位监测。山西省森林生态系统监测站的建设首先要考虑其在区域上的代表性，选择能代表该区域主要优势树种（组），且能表征土壤、水文及生境等特征，交通、水电等条件相对便利的典型植被区域。

为此，项目组和山西省相关部门进行了大量的前期工作，包括科学规划、站点设置、合理性评估等。

新构建的山西省森林生态系统监测网络体系在布局上能够充分体现区位优势和地域特色，兼顾森林生态站布局在国家和地方等层面的典型性和重要性，已形成层次清晰、代表性强的森林生态站网，可以负责相关站点所属区域的森林生态连清工作（图1-6）。

借助上述森林生态站监测网络，可以满足山西省森

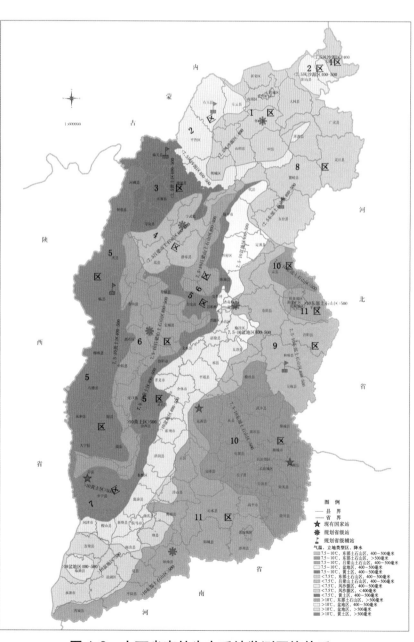

图1-6　山西省森林生态系统监测网络体系

林生态系统监测和科学研究需求。随着政府对生态环境建设形势认识的不断发展，必将建立起山西省森林生态系统监测的完备体系，为科学全面地评估山西省林业建设成效奠定坚实的基础。同时，通过各森林生态系统服务监测站点作用长期、稳定的发挥，必将为健全和完善国家生态监测网络，特别是构建完备的林业及其生态建设监测评估体系做出重大贡献。

二、山西省森林生态系统服务监测评估标准体系

山西省森林生态系统服务监测评估所依据的标准体系包括从森林生态系统监测站点建设到观测指标、观测方法、数据管理乃至数据应用各个阶段的标准（图1-7）。

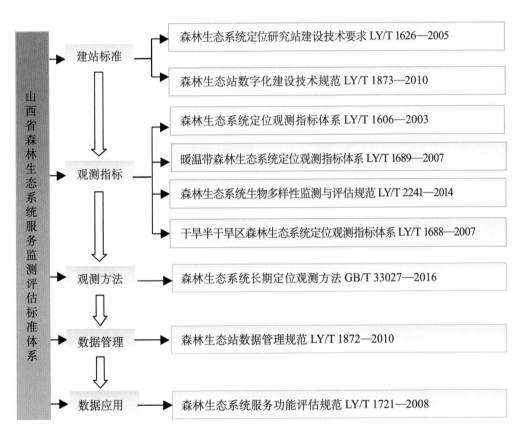

图1-7 山西省森林生态系统服务监测评估标准体系

山西省森林生态系统监测站点建设、观测指标、观测方法、数据管理及数据应用的标准化保证了不同站点所提供山西省森林生态连清数据的准确性和可比性，为山西省森林生态系统服务评估的顺利进行提供了保障。

第二节 分布式测算评估体系

一、分布式测算方法

分布式测算源于计算机科学,是研究如何把一项整体复杂的问题分割成相对独立运算的单元,然后把这些单元分配给多个计算机进行处理,最后将计算结果综合起来,统一合并得出结论的一种计算科学(Hagit Attiya,2008)。

最近,分布式测算已经被用于世界各地成千上万位志愿者计算机的闲置计算能力,来解决复杂的数学问题,如 GIMPS 搜索梅森素数的分布式网络计算和研究寻找最为安全的密码系统,如 RC4 等,这些项目都很庞大,需要惊人的计算量。而分布式测算研究如何把一个需要非常巨大计算能力才能解决的问题分成许多小的部分,然后把这些部分分配给许多计算机进行处理,最后把这些计算结果综合起来得到最终的结果。随着科学的发展,分布式测算已成为一种廉价的、高效的、维护方便的计算方法。

森林生态系统服务功能的测算是一项非常庞大、复杂的系统工程,很适合划分成多个均质化的生态测算单元开展评估(Niu 等,2013)。因此,分布式测算方法是目前评估森林生态系统服务所采用的较为科学有效的方法,通过诸多森林生态系统服务功能评估案例也证实了分布式测算方法能够保证结果的准确性及可靠性(牛香等,2012)。

基于分布式测算方法评估山西省森林生态系统服务功能的具体思路为:首先将山西省按行政区划分为大同市、晋城市、晋中市、临汾市、吕梁市、朔州市、太原市、忻州市、阳泉市、运城市和长治市 11 个一级测算单元;每个一级测算单元又按不同优势树种(组)划分成油松、栎类、杨树及软阔类、落叶松、槐类、柏木类、桦木、云杉、硬阔类、针叶混交林、阔叶混交林、针阔混交林、经济林、灌木林、竹林等 15 个二级测算单元;每个二级测算单元按照不同起源划分为天然林和人工林 2 个三级测算单元;每个三级测算单元再按龄组划分为幼龄林、中龄林、近熟林、成熟林、过熟林 5 个四级测算单元,再结合不同立地条件的对比观测,最终确定了 1430 个相对均质化的生态服务功能评估单元(图 1-8)。

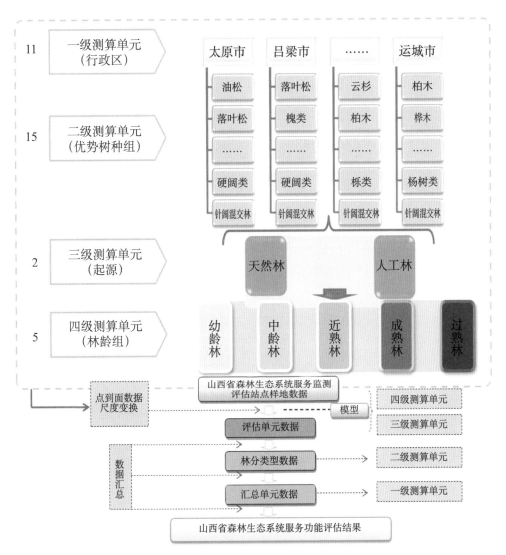

图 1-8　山西省森林生态服务功能评估分布式测算方法

二、监测评估指标体系

森林生态系统是地球生态系统的主体，其生态服务功能体现于生态系统和生态过程所形成的有利于人类生存与发展的生态环境条件与效用。如何真实地反映森林生态系统服务的效果，监测评估指标体系的建立非常重要。

在满足代表性、全面性、简明性、可操作性以及适应性等原则的基础上，通过总结近年的工作及研究经验，本次评估选取的测算评估指标体系包括涵养水源、保育土壤、固碳释氧、林木积累营养物质、净化大气环境、生物多样性保护、森林游憩 7 项功能 20 个指标（图1-9）。其中，森林防护、降低噪音等指标的测算方法尚未成熟，因此本报告未涉及它们的功能评估。基于相同原因，在吸收污染物指标中不涉及吸收重金属的功能评估。

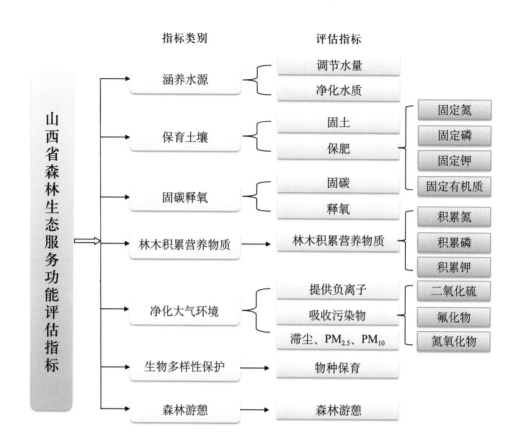

图 1-9　山西省森林生态系统服务功能评估指标体系

三、数据来源与集成

山西省森林生态系统服务功能评估分为物质量和价值量两大部分。物质量评估所需数据来源于山西省森林生态连清数据集和 2016 年山西省森林资源数据集；价值量评估所需数据除以上两个来源外，还包括社会公共数据集（图 1-10）。

主要的数据来源包括以下三部分：

1. 山西省森林生态连清数据集

山西省森林生态连清数据主要来源于山西省森林生态监测网络体系和国家级森林生态系统定位观测研究站共 13 个森林生态站的监测结果。依据中华人民共和国林业行业标准《森林生态系统服务功能评估规范》（LY/T 1721—2008）、中华人民共和国国家标准《森林生态系统长期定位观测方法》（GB/T 33027—2016）和林业行业标准《森林生态站数据管理规范》（LY/T 1872—2010）等开展观测得到山西省森林生态连清数据（表 1-1）。

图 1-10　数据来源与集成

表 1-1　山西省森林生态系统监测网络数据指标

指标类别		观测指标
水文指标	水量	林内降水量、林内降水强度、穿透水、树干径流量、地表径流量、地下水位、枯枝落叶层含水量
	水质	pH、水温、电导率、钙离子、镁离子、化学需养量、生物需氧量、浑浊度（TSS）、氨氮、硝态氮、总氮、总磷、重金属元素和有机污染物
土壤指标	物理性质	土壤类型、土层厚度、土壤容重、土壤总孔隙度、毛管孔隙度、非毛管孔隙度
	化学性质	土壤pH、有机碳储量、全氮、碱解氮、全磷、有效磷、全钾、速效钾、镁、有效态镁、钙、有效钙、重金属元素（Pb、Cd、As）、有机污染物、土壤呼吸速率
	森林枯落物	厚度
气象指标	风	作用在森林表面的风速、风向
	空气温湿度	最低温度、最高温度、定时温度、相对湿度
	地表面和不同深度土壤温湿度	地表定时温、湿度；10厘米深度、20厘米深度、40厘米深度、60厘米深度温湿度
	辐射	总辐射量、净辐射量、紫外辐射、光合有效辐射
	大气降水	降水总量、降水强度

（续）

指标类别		观测指标
生物群落 指标	森林群落结构	森林群落年龄，森林群落的起源，森林群落的平均树高，森林群落的平均胸径，森林群落的密度，森林群落的树种组成，森林群落植物种类、数量、郁闭度，群落主林层的叶面积指数，林下植被平均高，林下植被总盖度
	乔木层生物量和 林木生长量	树高年生长量，胸径年生长量，乔木层各器官生物量，灌木层、草本层地上和地下部分生物量

2. 山西省森林资源连清数据集

根据中华人民共和国森林资源调查管理办法，一类资源数据是国家尺度上使用的资源数据，是省级层面总体资源情况的反映；而二类资源数据是以小班为单元，可以按照行政区域或管理权限进行统计的资源数据。本次森林生态效益评估采用的是 2016 年年底的林地变更数据，并根据 2015 年度一类资源清查规则进行汇总，同时利用 2015 年度一类资源调查结果进行总控，确定各地级市、各林局林地总面积以及各类林地面积。同时把一类资源调查的 9915 块固定样地经纬度绘制在山西省地图上，判定样地所属地级市或林局，加上省级生态站建设过程中调查的 50 块大样地（1 公顷 / 块）测树因子，共同确定各市林分测树因子。

通过计算，2016 年的二类资源数据与 2015 年发布的一类资源数据比较见表 1-2。二类资源数据较一类资源数据大，林地面积增加了 2.99%，森林覆盖率增加了 6.04%，其中乔木林面积增加了 5.38%，乔木林蓄积量增加了 2.99%，活立木蓄积量增加了 7.88%。本次评估对象为乔木林、灌木林和特灌林，共 498.17 万公顷。

表 1-2　山西省森林资源数据

数据类型	林地面积 （万公顷）	森林覆盖率 （%）	乔木林面积 （万公顷）	森林蓄积量 （万立方米）	活立木蓄积量 （万立方米）
二类资源数据	836.83	21.74	340.51	13310.68	15942.89
一类资源数据	787.25	20.50	321.09	12923.37	14778.65
二类/一类	1.0299	1.0604	1.0538	1.0299	1.0788

3. 社会公共数据集

社会公共数据来源于我国权威机构公布的社会公共数据，包括《中国水利年鉴》《中华人民共和国水利部水利建筑工程预算定额》、中国农业信息网（http://www.agri.gov.cn/）、中华人民共和国卫生健康委员会网站（http://www.nhfpc.gov.cn）、《2017 年山西省排污费征收管理条例及收费标准及计算方法》、山西省物价局官网（http://www.hpin.gov.cn）等。

四、森林生态功能修正系数

在野外数据观测中，研究人员仅能够得到观测站点附近的实测生态数据，对于无法实地观测到的数据，则需要一种方法对已经获得的参数进行修正，因此引入了森林生态功能修正系数（Forest Ecological Function Correction Coefficient，简称 FEF-CC）。FEF-CC 指评估林分生物量和实测林分生物量的比值，它反映了森林生态系统服务评估区域森林的生态质量状况，还可以通过森林生态功能的变化修正森林生态系统服务的变化。

森林生态系统服务价值的合理测算对绿色国民经济核算具有重要意义，社会进步程度、经济发展水平、森林资源质量等对森林生态系统服务均会产生一定影响，而森林自身结构和功能状况则是体现森林生态系统服务功能可持续发展的基本前提。"修正"作为一种状态，表明系统各要素之间具有相对"融洽"的关系。当用现有的野外实测值不能代表同一生态单元同一目标优势树种组的结构或功能时，就需要采用森林生态功能修正系数客观地从生态学精度的角度反映同一优势树种组在同一区域的真实差异。其理论公式为：

$$\text{FEF-CC} = \frac{B_e}{B_o} = \frac{\text{BEF} \cdot V}{B_o} \tag{1-2}$$

式中：FEF-CC——森林生态功能修正系数；

B_e——评估林分的生物量（千克／立方米）；

B_o——实测林分的生物量（千克／立方米）；

BEF——蓄积量与生物量的转换因子；

V——评估林分的蓄积量（立方米）。

实测林分的生物量可以通过森林生态连清的实测手段来获取，而评估林分的生物量在山西省森林资源二类调查结果中还没有完全统计。因此，通过评估林分蓄积量和生物量转换因子，测算评估林分的生物量（方精云等，1996，1998，2001）。

五、贴现率

山西省森林生态系统服务价值量评估中，由物质量转换价值量时，部分价格参数并非评估年价格参数，因此需要使用贴现率（Discount Rate）将非评估年价格参数换算为评估年份价格参数以计算各项功能价值量的现价。

山西省森林生态系统服务功能价值量评估中所使用的贴现率指将未来现金收益折合成现在收益的比率。贴现率是一种存贷款均衡利率，利率的大小，主要根据金融市场利率来决定，其计算公式为：

$$t = (D_r + L_r) / 2 \tag{1-3}$$

式中：t——存贷款均衡利率（%）；

D_r——银行的平均存款利率（%）；

L_r——银行的平均贷款利率（%）。

贴现率利用存贷款均衡利率，将非评估年份价格参数，逐年贴现至评估年 2016 年的价格参数。贴现率的计算公式为：

$$d = (1 + t_{n+1})(1 + t_{n+2}) \cdots (1 + t_m) \tag{1-4}$$

式中：d——贴现率；

t——存贷款均衡利率（%）；

n——价格参数可获得年份（年）；

m——评估年份（年）。

六、核算公式与模型包

（一）涵养水源功能

森林涵养水源功能主要是指森林对降水的截留、吸收和贮存，将大气降水进行再分配的作用（图 1-11）。主要功能表现在增加可利用水资源、净化水质和调节径流三个方面。本研究选定 2 个指标，即调节水量指标和净化水质指标，以反映森林的涵养水源功能。

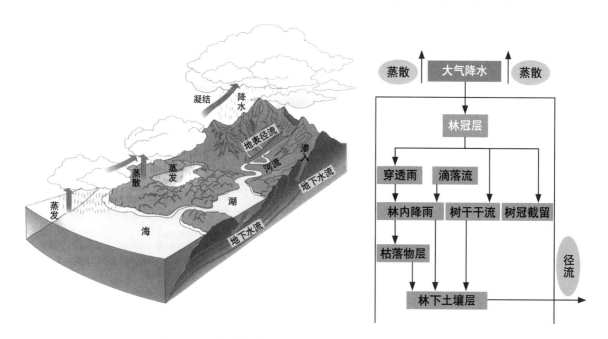

图 1-11　全球水循环及森林对降水的再分配示意

1.调节水量指标

（1）年调节水量。森林生态系统年调节水量公式为：

$$G_{调} = 10A \cdot (P - E - C) \cdot F \tag{1-5}$$

式中：$G_调$——实测林分年调节水量（立方米／年）；

$\quad\quad$ P——实测林外降水量（毫米／年）；

$\quad\quad$ E——实测林分蒸散量（毫米／年）；

$\quad\quad$ C——实测地表快速径流量（毫米／年）；

$\quad\quad$ A——林分面积（公顷）；

$\quad\quad$ F——森林生态功能修正系数。

（2）年调节水量价值。森林生态系统年调节水量价值根据水库工程的蓄水成本（替代工程法）来确定，采用如下公式计算：

$$U_调 = 10\,C_库 \cdot A \cdot (P-E-C) \cdot F \cdot d \tag{1-6}$$

式中：$U_调$——实测森林年调节水量价值（元／年）；

$\quad\quad$ $C_库$——水库库容造价（元／立方米，见附表）；

$\quad\quad$ P——实测林外降水量（毫米／年）；

$\quad\quad$ E——实测林分蒸散量（毫米／年）；

$\quad\quad$ C——实测地表快速径流量（毫米／年）；

$\quad\quad$ A——林分面积（公顷）；

$\quad\quad$ F——森林生态功能修正系数；

$\quad\quad$ d——贴现率。

2. 年净化水质指标

（1）年净化水量。森林生态系统年净化水量采用年调节水量的公式：

$$G_调 = 10\,A \cdot (P-E-C) \cdot F \tag{1-7}$$

式中：$G_调$——实测林分年调节水量（立方米／年）；

$\quad\quad$ P——实测林外降水量（毫米／年）；

$\quad\quad$ E——实测林分蒸散量（毫米／年）；

$\quad\quad$ C——实测地表快速径流量（毫米／年）；

$\quad\quad$ A——林分面积（公顷）；

$\quad\quad$ F——森林生态功能修正系数。

（2）净化水质价值。森林生态系统年净化水质价值根据净化水质工程的成本（替代工程法）计算，公式为：

$$U_{水质} = 10\,K_水 \cdot A \cdot (P-E-C) \cdot F \cdot d \tag{1-8}$$

式中：$U_{水质}$——实测林分净化水质价值（元／年）；

$K_水$——水的净化费用（元／立方米，见附表）；

P——实测林外降水量（毫米／年）；

E——实测林分蒸散量（毫米／年）；

C——实测地表快速径流量（毫米／年）；

A——林分面积（公顷）；

F——森林生态功能修正系数；

d——贴现率。

（二）保育土壤功能

森林凭借庞大的树冠、深厚的枯枝落叶层及强壮且成网络的根系截留大气降水，减少或免遭雨滴对土壤表层的直接冲击，有效地固持土体，降低了地表径流对土壤的冲蚀，使土壤流失量大大降低。而且森林的生长发育及其代谢产物不断对土壤产生物理及化学影响，参与土体内部的能量转换与物质循环，使土壤肥力提高，森林是土壤养分的主要来源之一（图1-12）。为此，本研究选用2个指标，即固土指标和保肥指标，以反映森林保育土壤功能。

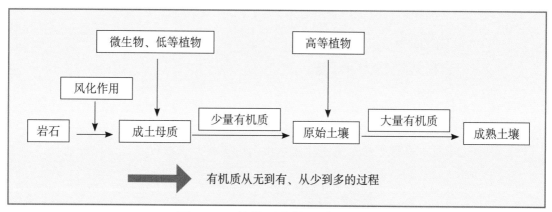

图 1-12　植被对土壤形成的作用

1.固土指标

（1）年固土量。林分年固土量公式为：

$$G_{固土} = A \cdot (X_2 - X_1) \cdot F \tag{1-9}$$

式中：$G_{固土}$——实测林分年固土量（吨／年）；

　　　X_1——有林地土壤侵蚀模数 [吨／（公顷·年）]；

　　　X_2——无林地土壤侵蚀模数 [吨／（公顷·年）]；

　　　A——林分面积（公顷）；

　　　F——森林生态功能修正系数。

（2）年固土价值。由于土壤侵蚀流失的泥沙淤积于水库中，减少了水库蓄积水的体积，因此本研究根据蓄水成本（替代工程法）计算林分年固土价值，公式为：

$$U_{固土} = A \cdot C_{土} \cdot (X_2 - X_1) \cdot F \cdot d / \rho \qquad (1\text{-}10)$$

式中：$U_{固土}$——实测林分年固土价值（元／年）；

$\quad X_1$——有林地土壤侵蚀模数[吨/(公顷·年)]；

$\quad X_2$——无林地土壤侵蚀模[吨/(公顷·年)]；

$\quad C_{土}$——挖取和运输单位体积土方所需费用（元／立方米，见附表）；

$\quad \rho$——土壤容重（克／立方厘米）；

$\quad A$——林分面积（公顷）；

$\quad F$——森林生态功能修正系数；

$\quad d$——贴现率。

2. 保肥指标

（1）年保肥量。林分年保肥量公式为：

$$G_N = A \cdot N \cdot (X_2 - X_1) \cdot F \qquad (1\text{-}11)$$

$$G_P = A \cdot P \cdot (X_2 - X_1) \cdot F \qquad (1\text{-}12)$$

$$G_K = A \cdot K \cdot (X_2 - X_1) \cdot F \qquad (1\text{-}13)$$

$$G_{有机质} = A \cdot M \cdot (X_2 - X_1) \cdot F \qquad (1\text{-}14)$$

式中：G_N——森林固持土壤而减少的氮流失量（吨／年）；

$\quad G_P$——森林固持土壤而减少的磷流失量（吨／年）；

$\quad G_K$——森林固持土壤而减少的钾流失量（吨／年）；

$\quad G_{有机质}$——森林固持土壤而减少的有机质流失量（吨／年）；

$\quad X_1$——有林地土壤侵蚀模数[吨/(公顷·年)]；

$\quad X_2$——无林地土壤侵蚀模数[吨/(公顷·年)]；

$\quad N$——森林土壤含氮量（%）；

$\quad P$——森林土壤含磷量（%）；

$\quad K$——森林土壤含钾量（%）；

$\quad M$——森林土壤有机质含量（%）；

$\quad A$——林分面积（公顷）；

$\quad F$——森林生态功能修正系数。

（2）年保肥价值。年固土量中氮、磷、钾的数量换算成化肥即为林分年保肥价值。本研究的林分年保肥价值以固土量中的氮、磷、钾数量折合成磷酸二铵化肥和氯化钾化肥的价值来体现。公式为：

$$U_肥 = A \cdot (X_1 - X_2) \cdot \left(\frac{N \cdot C_1}{R_1} + \frac{P \cdot C_1}{R_2} + \frac{K \cdot C_2}{R_3} + M \cdot C_3 \right) \cdot F \cdot d \qquad (1\text{-}15)$$

式中：$U_肥$——实测林分年保肥价值（元／年）；

$\quad X_1$——有林地土壤侵蚀模数 [吨 /(公顷·年)]；

$\quad X_2$——无林地土壤侵蚀模数 [吨 /(公顷·年)]；

$\quad N$——森林土壤平均含氮量（%）；

$\quad P$——森林土壤平均含磷量（%）；

$\quad K$——森林土壤平均含钾量（%）；

$\quad M$——森林土壤平均有机质含量（%）；

$\quad R_1$——磷酸二铵化肥含氮量（%）；

$\quad R_2$——磷酸二铵化肥含磷量（%）；

$\quad R_3$——氯化钾化肥含钾量（%）；

$\quad C_1$——磷酸二铵化肥价格（元／吨）；

$\quad C_2$——氯化钾化肥价格（元／吨）；

$\quad C_3$——有机质价格（元／吨）；

$\quad A$——林分面积（公顷）；

$\quad F$——森林生态功能修正系数；

$\quad d$——贴现率。

（三）固碳释氧功能

森林与大气的物质交换主要是二氧化碳与氧气的交换，即森林固定并减少大气中的二氧化碳和释放并增加大气中的氧气（图 1-13），这对维持大气中的二氧化碳和氧气动态平衡、

森林通过光合作用吸收二氧化碳并转化为氧气
与有机物，从而起到固碳的作用

释放O$_2$

吸收CO$_2$　O$_2$　O$_2$　O$_2$

大量吸收二氧化碳，并释放氧气

吸收水分和养分

图 1-13　森林生态系统固碳释氧作用

减少温室效应以及为人类提供生存的基础均有巨大和不可替代的作用（Wang 等，2013）。为此本研究选用固碳、释氧 2 个指标反映森林生态系统固碳释氧功能。根据光合作用化学反应式，森林植被每积累 1.0 克干物质，可以吸收 1.63 克二氧化碳，释放 1.19 克氧气。

1. 固碳指标

（1）植被和土壤年固碳量。公式如下：

$$G_{碳} = A \cdot (1.63 R_{碳} \cdot B_{年} + F_{土壤碳}) \cdot F \tag{1-16}$$

式中：$G_{碳}$——实测年固碳量（吨／年）；

$\quad B_{年}$——实测林分年净生产力 [吨 /(公顷·年)]；

$\quad F_{土壤碳}$——单位面积林分土壤年固碳量 [吨 /(公顷·年)]；

$\quad R_{碳}$——二氧化碳中碳的含量，为 27.27%；

$\quad A$——林分面积（公顷）；

$\quad F$——森林生态功能修正系数。

公式得出森林的潜在年固碳量，再从其中减去由于森林采伐造成的生物量移出从而损失的碳量，即为森林的实际年固碳量。

（2）年固碳价值。森林植被和土壤年固碳价值的计算公式为：

$$U_{碳} = A \cdot C_{碳} \cdot (1.63 R_{碳} \cdot B_{年} + F_{土壤碳}) \cdot F \cdot d \tag{1-17}$$

式中：$U_{碳}$——实测林分年固碳价值（元／年）；

$\quad B_{年}$——实测林分年净生产力 [吨 /(公顷·年)]；

$\quad F_{土壤碳}$——单位面积森林土壤年固碳量 [吨 /(公顷·年)]；

$\quad C_{碳}$——固碳价格（元／吨，见附表）；

$\quad R_{碳}$——二氧化碳中碳的含量，为 27.27%；

$\quad A$——林分面积（公顷）；

$\quad F$——森林生态功能修正系数；

$\quad d$——贴现率。

公式得出森林的潜在年固碳价值，再从其中减去由于森林年采伐消耗量造成的碳损失，即为森林的实际年固碳价值。

2. 释氧指标

（1）年释氧量。林分年释氧量计算公式：

$$G_{氧气} = 1.19 A \cdot B_{年} \cdot F \tag{1-18}$$

式中：$G_{氧气}$——实测林分年释氧量（吨／年）；

$B_年$——实测林分年净生产力 [吨 /(公顷 · 年)]；

A——林分面积（公顷）；

F——森林生态功能修正系数。

（2）年释氧价值。年释氧价值采用以下公式计算：

$$U_氧 = 1.19 C_氧 \cdot A \cdot B_年 \cdot F \cdot d \tag{1-19}$$

式中：$U_氧$——实测林分年释氧价值（元 / 年）；

$B_年$——实测林分年净生产力 [吨 /(公顷 · 年)]；

$C_氧$——制造氧气的价格（元 / 吨）；

A——林分面积（公顷）；

F——森林生态功能修正系数；

d——贴现率。

（四）林木积累营养物质

森林在生长过程中不断从周围环境吸收营养物质，固定在植物体中，成为全球生物化学循环不可缺少的环节，为此选用林木营养积累指标反映森林积累营养物质功能。

1. 林木营养物质年积累量

林木年积累氮、磷、钾量。公式为：

$$G_氮 = A \cdot N_{营养} \cdot B_年 \cdot F \tag{1-20}$$

$$G_磷 = A \cdot P_{营养} \cdot B_年 \cdot F \tag{1-21}$$

$$G_钾 = A \cdot K_{营养} \cdot B_年 \cdot F \tag{1-22}$$

式中：$G_氮$——植被固氮量（吨 / 年）；

$G_磷$——植被固磷量（吨 / 年）；

$G_钾$——植被固钾量（吨 / 年）；

$N_{营养}$——林木氮元素含量（%）；

$P_{营养}$——林木磷元素含量（%）；

$K_{营养}$——林木钾元素含量（%）；

$B_年$——实测林分年净生产力 [吨 /(公顷 · 年)]；

A——林分面积（公顷）；

F——森林生态功能修正系数。

2. 林木营养年积累价值

采取把营养物质折合成磷酸二铵化肥和氯化钾化肥方法计算林木营养积累价值，公式为：

$$U_{营养} = A \cdot B \cdot \left(\frac{N_{营养} \cdot C_1}{R_1} + \frac{P_{营养} \cdot C_1}{R_2} + \frac{K_{营养} \cdot C_2}{R_3} \right) \cdot F \cdot d \quad\quad (1\text{-}23)$$

式中：$U_{营养}$——实测林分氮、磷、钾年增加价值（元／年）；

$\quad\quad\quad N_{营养}$——实测林木含氮量（%）；

$\quad\quad\quad P_{营养}$——实测林木含磷量（%）；

$\quad\quad\quad K_{营养}$——实测林木含钾量（%）；

$\quad\quad\quad R_1$——磷酸二铵含氮量（%）；

$\quad\quad\quad R_2$——磷酸二铵含磷量（%）；

$\quad\quad\quad R_3$——氯化钾含钾量（%）；

$\quad\quad\quad C_1$——磷酸二铵化肥价格（元／吨）；

$\quad\quad\quad C_2$——氯化钾化肥价格（元／吨）；

$\quad\quad\quad B$——实测林分净生产力 [吨 /(公顷·年)]；

$\quad\quad\quad A$——林分面积（公顷）；

$\quad\quad\quad F$——森林生态功能修正系数；

$\quad\quad\quad d$——贴现率。

（五）净化大气环境功能

近年灰霾天气的频繁、大范围出现，使空气质量状况成为民众和政府部门关注的焦点，大气颗粒物（如 PM_{10}、$PM_{2.5}$）被认为是造成灰霾天气的罪魁出现在人们的视野中。特别是 $PM_{2.5}$ 更是由于其对人体健康的严重威胁，成为人们关注的热点。如何控制大气污染、改善空气质量成为众多科学家研究的热点。

森林能有效吸收有害气体、吸滞粉尘、降低噪音、提供负离子等，从而起到净化大气环境的作用（图 1-14）。为此，本研究选取提供负离子、吸收污染物（二氧化硫、氟化物和氮氧化物）、滞尘、滞纳 PM_{10} 和 $PM_{2.5}$ 等 7 个指标反映森林生态系统净化大气环境能力，由于降低噪音指标计算方法尚不成熟，所以本研究中不涉及降低噪音指标。

1. 提供负离子指标

（1）年提供负离子量。公式如下：

$$G_{负离子} = 5.256 \times 10^{15} \cdot Q_{负离子} \cdot A \cdot H \cdot F / L \quad\quad (1\text{-}24)$$

式中：$G_{负离子}$——实测林分年提供负离子个数（个／年）；

$\quad\quad\quad Q_{负离子}$——实测林分负离子浓度（个／立方厘米）；

$\quad\quad\quad H$——林分高度（米）；

树木吸收、转化大气污染物

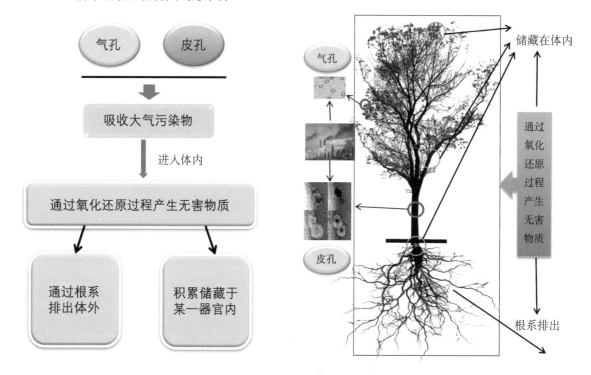

图 1-14　树木吸收空气污染物示意

L——负离子寿命（分钟）；

A——林分面积（公顷）；

F——森林生态功能修正系数。

（2）年提供负离子价值。国内外研究证明，当空气中负离子达到 600 个 / 立方厘米以上时，才能有益人体健康，所以林分年提供负离子价值采用如下公式计算：

$$U_{负离子} = 5.256 \times 10^{15} \cdot A \cdot H \cdot K_{负离子} \cdot (Q_{负离子} - 600) \cdot F \cdot d / L \qquad (1\text{-}25)$$

式中：$U_{负离子}$——实测林分年提供负离子价值（元 / 年）；

$K_{负离子}$——负离子生产费用（元 / 个）；

$Q_{负离子}$——实测林分负离子浓度（个 / 立方厘米）；

L——负离子寿命（分钟）；

H——林分高度（米）；

A——林分面积（公顷）；

F——森林生态功能修正系数；

d——贴现率。

2. 吸收污染物指标

二氧化硫、氟化物和氮氧化物是大气污染物的主要物质（图 1-15），因此本研究选取森林吸收二氧化硫、氟化物和氮氧化物 3 个指标评估森林生态系统吸收污染物的能力。森林对二氧化硫、氟化物和氮氧化物的吸收，可使用面积 – 吸收能力法、阈值法、叶干质量估算法等。本研究采用面积 – 吸收能力法评估森林吸收污染物的总量和价值。

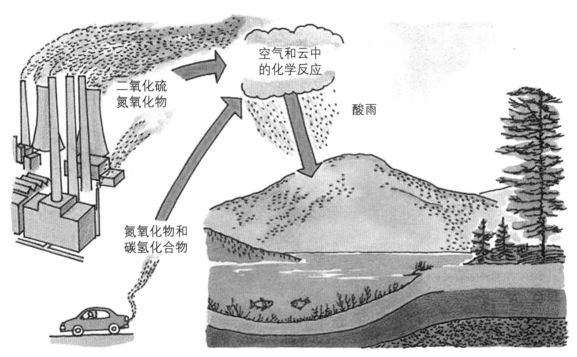

图 1-15　污染气体的来源及危害

（1）吸收二氧化硫。主要计算林分年吸收二氧化硫的物质量和价值量。

①二氧化硫年吸收量计算公式如下：

$$G_{二氧化硫} = Q_{二氧化硫} \cdot A \cdot F / 1000 \tag{1-26}$$

式中：$G_{二氧化硫}$——实测林分年吸收二氧化硫量（吨 / 年）；

$\quad\quad Q_{二氧化硫}$——单位面积实测林分年吸收二氧化硫量 [千克 /（公顷·年）]；

$\quad\quad A$——林分面积（公顷）；

$\quad\quad F$——森林生态功能修正系数。

②年吸收二氧化硫价值计算公式如下：

$$U_{二氧化硫} = K_{二氧化硫} \cdot Q_{二氧化硫} \cdot A \cdot F \cdot d \tag{1-27}$$

式中：$U_{二氧化硫}$——实测林分年吸收二氧化硫价值（元 / 年）；

$K_{二氧化硫}$——二氧化硫的治理费用（元／千克）；

$Q_{二氧化硫}$——单位面积实测林分年吸收二氧化硫量 [千克 /（公顷·年）]；

A——林分面积（公顷）；

F——森林生态功能修正系数；

d——贴现率。

（2）吸收氟化物。主要计算林分年吸收氟化物物质量和价值量。

①氟化物年吸收量计算公式如下：

$$G_{氟化物} = Q_{氟化物} \cdot A \cdot F / 1000 \qquad (1\text{-}28)$$

式中：$G_{氟化物}$——实测林分年吸收氟化物量（吨／年）；

$Q_{氟化物}$——单位面积实测林分年吸收氟化物量 [千克 /（公顷·年）]；

A——林分面积（公顷）；

F——森林生态功能修正系数。

②年吸收氟化物价值计算公式如下：

$$U_{氟化物} = K_{氟化物} \cdot Q_{氟化物} \cdot A \cdot F \cdot d \qquad (1\text{-}29)$$

式中：$U_{氟化物}$——实测林分年吸收氟化物价值（元／年）；

$Q_{氟化物}$——单位面积实测林分年吸收氟化物量 [千克 /（公顷·年）]；

$K_{氟化物}$——氟化物治理费用（元／千克）；

A——林分面积（公顷）；

F——森林生态功能修正系数；

d——贴现率。

（3）吸收氮氧化物。主要计算林分年吸收氮氧化物物质量和价值量。

①氮氧化物年吸收量计算公式如下：

$$G_{氮氧化物} = Q_{氮氧化物} \cdot A \cdot F / 1000 \qquad (1\text{-}30)$$

式中：$G_{氮氧化物}$——实测林分年吸收氮氧化物量（吨／年）；

$Q_{氮氧化物}$——单位面积实测林分年吸收氮氧化物量 [千克 /（公顷·年）]；

A——林分面积（公顷）；

F——森林生态功能修正系数。

②年吸收氮氧化物价值计算公式如下：

$$U_{氮氧化物} = K_{氮氧化物} \cdot Q_{氮氧化物} \cdot A \cdot F \cdot d \qquad (1\text{-}31)$$

式中：$U_{氮氧化物}$——实测林分年吸收氮氧化物价值（元/年）；

$K_{氮氧化物}$——氮氧化物治理费用（元/千克）；

$Q_{氮氧化物}$——单位面积实测林分年吸收氮氧化物量[千克/（公顷·年）]；

A——林分面积（公顷）；

F——森林生态功能修正系数；

d——贴现率。

3. 滞尘指标

鉴于近年来人们对 PM_{10} 和 $PM_{2.5}$ 的关注，本研究在评估总滞尘量及其价值的基础上，将 PM_{10} 和 $PM_{2.5}$ 从总滞尘量中分离出来进行了单独的物质量和价值量评估。

（1）年总滞尘量。计算公式如下：

$$G_{滞尘} = Q_{滞尘} \cdot A \cdot F / 1000 \tag{1-32}$$

式中：$G_{滞尘}$——实测林分年滞尘量（吨/年）；

$Q_{滞尘}$——单位面积实测林分年滞尘量[千克/（公顷·年）]；

A——林分面积（公顷）；

F——森林生态功能修正系数。

（2）年滞尘价值。本研究中，用健康危害损失法计算林分滞纳 PM_{10} 和 $PM_{2.5}$ 的价值。其中，PM_{10} 采用的是治疗因空气颗粒物污染而引发的上呼吸道疾病的费用、$PM_{2.5}$ 采用的是治疗因为空气颗粒物污染而引发的下呼吸道疾病的费用。林分滞纳其余颗粒物的价值仍选用降尘清理费用计算。年滞尘价值计算公式如下：

$$U_{滞尘} = (Q_{滞尘} - Q_{PM_{10}} - Q_{PM_{2.5}}) \cdot A \cdot K_{滞尘} \cdot F \cdot d + U_{PM_{10}} + U_{PM_{2.5}} \tag{1-33}$$

式中：$U_{滞尘}$——实测林分年滞尘价值（元/年）；

$Q_{滞尘}$——单位面积实测林分年滞尘量[千克/（公顷·年）]；

$Q_{PM_{10}}$——单位面积实测林分年滞纳 PM_{10} 量[千克/（公顷·年）]；

$Q_{PM_{2.5}}$——单位面积实测林分年滞纳 $PM_{2.5}$ 量[千克/（公顷·年）]；

$U_{PM_{10}}$——实测林分年滞纳 PM_{10} 的价值（元/年）；

$U_{PM_{2.5}}$——实测林分年滞纳 $PM_{2.5}$ 的价值（元/年）；

$K_{滞尘}$——降尘清理费用（元/千克，见附表）；

A——林分面积（公顷）；

F——森林生态功能修正系统；

d——贴现率。

4. 滞纳 PM_{10}

（1）年滞纳 PM_{10} 量。公式如下：

$$G_{PM_{10}} = 10 \cdot Q_{PM_{10}} \cdot A \cdot n \cdot F \cdot LAI \tag{1-34}$$

式中：$G_{PM_{10}}$——实测林分年滞纳 PM_{10} 的量（千克 / 年）；

$Q_{PM_{10}}$——实测林分单位叶面积滞纳 PM_{10} 量（克 / 平方米）；

A——林分面积（公顷）；

F——森林生态功能修正系数；

n——年洗脱次数；

LAI——叶面积指数。

（2）年滞纳 PM_{10} 价值。公式如下：

$$U_{PM_{10}} = 10 \cdot C_{PM_{10}} \cdot Q_{PM_{10}} \cdot A \cdot n \cdot F \cdot LAI \cdot d \tag{1-35}$$

式中：$U_{PM_{10}}$——实测林分年滞纳 PM_{10} 价值（元 / 年）；

$C_{PM_{10}}$——由 PM_{10} 所造成的健康危害经济损失(治疗上呼吸道疾病的费用)(元/千克)；

$Q_{PM_{10}}$——实测林分年滞纳 PM_{10} 量（千克 / 年）；

A——林分面积（公顷）；

n——年洗脱次数；

F——森林生态功能修正系数；

LAI——叶面积指数；

d——贴现率。

5. 滞纳 $PM_{2.5}$（图 1-16）

（1）年滞纳 $PM_{2.5}$ 量。公式如下：

$$G_{PM_{2.5}} = 10 \cdot Q_{PM_{2.5}} \cdot A \cdot n \cdot F \cdot LAI \tag{1-36}$$

式中：$G_{PM_{2.5}}$——实测林分年滞纳 $PM_{2.5}$ 的量（千克 / 年）；

$Q_{PM_{2.5}}$——实测林分单位面积滞纳 $PM_{2.5}$ 量（克 / 平方米）；

A——林分面积（公顷）；

n——年洗脱次数；

F——森林生态功能修正系数；

LAI——叶面积指数。

（2）年滞纳 $PM_{2.5}$ 价值。公式如下：

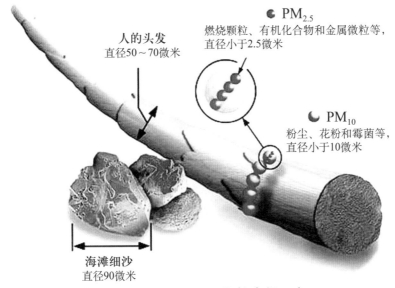

PM$_{2.5}$
燃烧颗粒、有机化合物和金属微粒等，
直径小于2.5微米

PM$_{10}$
粉尘、花粉和霉菌等，
直径小于10微米

人的头发
直径50～70微米

海滩细沙
直径90微米

图 1-16　PM$_{2.5}$ 颗粒直径示意

$$U_{PM_{2.5}} = 10 \cdot C_{PM_{2.5}} \cdot Q_{PM_{2.5}} \cdot A \cdot n \cdot F \cdot LAI \cdot d \tag{1-37}$$

式中：$U_{PM_{2.5}}$——实测林分年滞纳 PM$_{2.5}$ 价值（元 / 年）；

$C_{PM_{2.5}}$——由 PM$_{2.5}$ 所造成的健康危害经济损失（治疗下呼吸道疾病的费用）（元 / 千克）；

$Q_{PM_{2.5}}$——实测林分单位叶面积滞纳 PM$_{2.5}$ 量（克 / 平方米）；

A——林分面积（公顷）；

n——年洗脱次数；

F——森林生态功能修正系数；

LAI——叶面积指数；

d——贴现率。

（六）生物多样性保护价值

生物多样性维护了自然界的生态平衡，并为人类的生存提供了良好的环境条件。生物多样性是生态系统不可缺少的组成部分，对生态系统服务功能的发挥具有十分重要的作用（王兵等，2012）。Shannon-Wiener 指数是反映森林中物种的丰富度和分布均匀程度的经典指标。传统 Shannon-Wiener 指数对生物多样性保育等级的界定不够全面。本次研究增加濒危指数、特有种指数和古树指数，对 Shannon-Wiener 指数进行修正，以利于生物资源的合理利用和相关部门保护工作的合理分配。

修正后的生物多样性保护功能评估公式如下：

$$U_{总} = (1 + 0.1 \sum_{m=1}^{x} E_m + 0.1 \sum_{n=1}^{y} B_n + 0.1 \sum_{r=1}^{z} O_r) S_1 \cdot A \cdot d \tag{1-38}$$

式中：$U_{总}$——实测林分年生物多样性保护价值（元／年）；

E_m——实测林分或区域内物种 m 的濒危指数（表1-3）；

B_n——实测林分或区域内物种 n 的特有种指数（表1-4）；

O_r——实测林分或区域内物种 r 的古树年龄指数（表1-5）；

x——计算濒危指数物种数量；

y——计算特有种指数物种数量；

z——计算古树年龄指数物种数量；

S_1——单位面积物种多样性保护价值量［元／（公顷·年）］；

A——林分面积（公顷）；

d——贴现率。

表1-3　濒危指数体系

濒危指数	濒危等级	物种种类
4	极危	参见《中国物种红色名录（第一卷）：红色名录》
3	濒危	
2	易危	
1	近危	

表1-4　特有种指数体系

特有种指数	分布范围
4	仅限于范围不大的山峰或特殊的自然地理环境下分布
3	仅限于某些较大的自然地理环境下分布的类群，如仅分布于较大的海岛(岛屿)、高原、若干个山脉等
2	仅限于某个大陆分布的分类群
1	至少在2个大陆都有分布的分类群
0	世界广布的分类群

注：参见《植物特有现象的量化》（苏志尧，1999）。

表1-5　古树年龄指数体系

古树年龄	指数等级	来源及依据
100~299年	1	参见全国绿化委员会、国家林业局文件《关于开展古树名木普查建档工作的通知》
300~499年	2	
≥500年	3	

本研究根据 Shannon-Wiener 指数计算生物多样性价值，共划分 7 个等级：

当指数 <1 时，$S_{生}$ 为 3000[元 /(公顷·年)]；

当 1≤指数 < 2 时，$S_{生}$ 为 5000[元 /(公顷·年)]；

当 2≤指数 < 3 时，$S_{生}$ 为 10000[元 /(公顷·年)]；

当 3≤指数 < 4 时，$S_{生}$ 为 20000[元 /(公顷·年)]；

当 4≤指数 < 5 时，$S_{生}$ 为 30000[元 /(公顷·年)]；

当 5≤指数 < 6 时，$S_{生}$ 为 40000[元 /(公顷·年)]；

当指数≥ 6 时，$S_{生}$ 为 50000[元 /(公顷·年)]。

（七）森林游憩价值

森林游憩是指森林生态系统为人类提供休闲和娱乐场所产生的价值，包括直接价值和间接价值，采用林业旅游与休闲产值替代法进行核算。本研究森林游憩价值（数据来源于山西省林业厅）包括直接收入即山西省各市森林旅游与休闲产值（主要包括森林公园、保护区、湿地公园等）和间接收入即山西省各市森林旅游与休闲直接带动其他产业产值。因此，森林游憩功能的计算公式：

$$U_{r}= \sum (Y_{i}+Y_{i}^{'}) \tag{1-39}$$

式中：U_{r}——森林游憩功能的价值量（元 / 年）；

Y_{i}——i 市森林公园的直接收入（元）；

$Y_{i}^{'}$——i 市森林公园的间接收入（元）；

i——山西省 i 市。

（八）山西省森林生态系统服务总价值评估

山西省森林生态系统服务总价值为上述分项价值量之和，公式为：

$$U_{I}= \sum_{i=1}^{23} U_{i} \tag{1-40}$$

式中：U_{I}——山西省森林生态系统服务总价值（元 / 年）；

U_{i}——山西省森林生态系统服务各分项价值量（元 / 年）。

第二章

山西省自然资源概况

第一节 自然地理概况

一、地理位置

山西省地处黄河中游，黄土高原东部，位于北纬34°34′~40°44′，东经110°15′~114°32′之间。北界长城与内蒙古自治区接壤，西隔黄河与陕西省相望，南抵黄河与河南省为邻，东依太行山与河南、河北两省毗连。省境轮廓大体呈平行四边形，南北长628千米，东西宽385千米，总面积15.67万平方千米，约占中国国土面积的1.63%。山西省下辖11个地级市（太原市、大同市、朔州市、阳泉市、长治市、晋城市、忻州市、吕梁市、晋中市、临汾市、运城市）、23个市辖区、11个县级市和85个县。

二、地形地貌

山西省总体地势特征为"两山夹一川"，东部太行山脉，西部吕梁山脉，以及黄河支流汾河谷地。东部、东南部是恒山、五台山、太岳山和中条山为主体的山地高原区；西部是关帝山、芦芽山等山脉及相连的吕梁山脉。地貌特征为两侧山地和丘陵的隆起，中部串珠式盆地、平原分布其间。由北向南排列依次为大同盆地、忻定盆地、太原盆地、上党盆地、临汾盆地和运城盆地。境内大部分地区海拔为1000~1222米，在全国、在华北地区显著隆起的地貌，全省最高点为五台山北台顶（叶斗峰），海拔3058米；最低点在垣曲县西阳河入黄河河口处，海拔仅180米（图2-1）。

1. 太行山脉

恒山：跨越大同、朔州、忻州三地级市，是桑乾河与滹沱河上游的分水岭，也是大同盆地与忻定盆地的界山。西南则与云中山相接，向东则延展至河北境内。恒山主体长约250千米，宽约20千米，海拔1700~2400米，最高峰为代县境内的馒头山，海拔2426米。恒山号称"108峰"，气势雄伟，被尊为"中国五岳中的北岳"。

五台山：位于山西省东北部，又称"华北之脊"，跨繁峙、代县、原平、定襄、五台、忻州、盂县等县市，北瞻恒山，南望系舟山，东接太行山，呈东北—西南走向，长约150千米，宽30~50千米。海拔在2400~3058米之间。五台山是中国著名的四大佛教圣地之一。因其气候高爽，夏无炎暑，又称清凉山。

中条山：位于山西西南部，东起垣曲县的舜王坪，西至永济市的首阳山，北接太岳山，南抵黄河岸，呈东北—西南走向，长约170千米，宽10~30千米，以海拔1825米的雪苍山最高。山体东段较宽阔，顶部平坦，如高山草原；中段呈阶梯状；西段则山势挺拔。

2. 吕梁山脉

芦芽山：芦芽山风景名胜区位于吕梁山北端、晋西北腹地，是汾河、桑干河、阳武河、岚漪河、朱家川五条河流的源头；景区平均海拔2000米以上，海拔2788米，主峰绝顶约10平方米。芦芽山峰峦重叠，山峰尖峭，森林广茂，区内有700多种植物、240多种动物、100多种名贵中草药，是世界罕见的生态基因库。

关帝山：位于山西吕梁境内，四季分明，气候温和，属温带大陆性气候，关帝山主峰孝文山耸立在公园北端，海拔高达2831米。主要树种有油松、辽东栎、山杨、白桦、华北落叶松、醋柳、侧柏、云杉等，形成了由不同树种和其他植物构成的明显垂直景观带，也是野生动物的天堂，栖息繁衍着脊椎动物237种，其中以鸟类和兽类居多，如褐马鸡、金钱豹、原麝、金雕、黑鹳、苍鹰等。

3. 盆地地区

大同盆地：位于山西北部，长约220千米，宽20~40千米，面积约5000平方千米，包括大同市、朔州市的平原部分。盆地内东部有30多座火山丘。大部分系洪积、冲积和湖积物。

忻定盆地：北有恒山，西有云中山，东接五台山，东南面为系舟山。长约70千米，宽约10.25千米，面积约2157平方千米。冲积层分布广，地势较平坦。

太原盆地：北起石岭关，南至韩信岭，东西两侧与山地相接，为山西省最大的冲积平原之一。盆地中部系汾河冲积平原，汾河于此有文峪河、潇河等支流，农业灌溉便利。

临汾盆地：北起韩信岭，由侯马折向西，至黄河岸。长约160千米，宽约20.25千米，面积约5000平方千米。沿山前断裂带有大型岩溶泉水流出，水源丰富，便于工农业用水。

上党盆地：属浊漳河流域，介于太岳与太行山脉之间，海拔900~1000米，盆地面积1980平方千米，年平均降雨量550~650毫米，为各盆地降雨的高值区，也是山西秋粮和小麦的主要产区。

运城盆地：北依峨嵋岭，西至黄河岸，东部、南部接中条山，面积约3000平方千米。南部有盐池、硝池等。盆地内多河湖相堆积，涑水河已断流，形成700平方千米的闭流区，是山西惟一的内流区域。

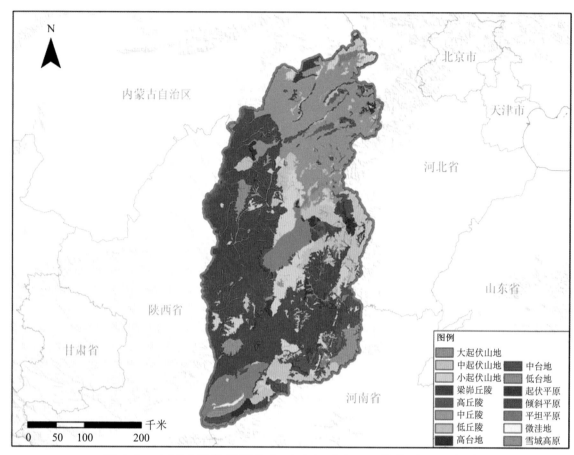

图 2-1　山西省地貌类型分布（引自"地理国情监测云平台"）

三、气候条件

山西地处我国大陆东部中纬度地区，南北狭长，气候类型属温带大陆性季风气候。境内地形复杂，地貌多样，山脉起伏，高低悬殊，水平气候与垂直气候差异甚大，综合气候特征为：冬季寒冷干燥，夏季炎热多雨，各地温差悬殊，地面风向紊乱，风速偏小，日光充足，光热资源丰富。

年平均气温 3～14℃，昼夜温差大，南北温差也大。西部黄河谷地、太原盆地和晋东南的大部分地区，平均温度在 8～10℃ 之间。临汾、运城盆地年均温度达 12～14℃。冬季气温全省均在 0℃ 以下，夏季全省普遍高温，7 月份气温介于 21～26℃ 之间（图 2-2）。山西无霜期南长北短，平川长山地短。全省年降水量在 400～650 毫米，但季节分布不均匀，夏季 6～9 月降水高度集中且多暴雨，降水量约占全年的 60% 以上。全省降水受地形影响很大，山区较多，盆地较少（图 2-3）。

日照时数分配：春季 575～800 小时，夏季 625～875 小时，秋季 525～725 小时，冬季 450～650 小时。

冬半年在内蒙古高压控制下，多北风和西北风。夏半年受大陆低压的影响多南风和东南风。各地平均风速 1.4～4.5 米 / 秒，各地最大风速一般在 14～20 米 / 秒。

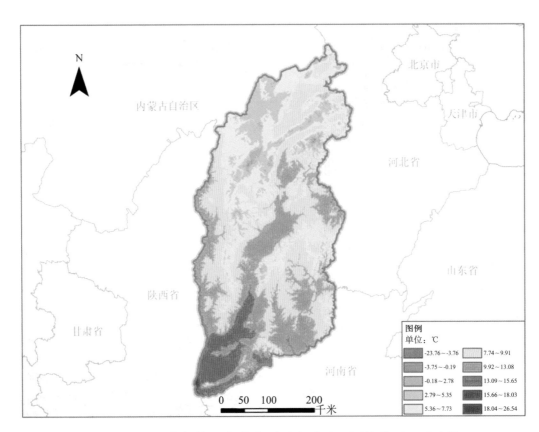

图 2-2　山西省年均温度分布（引自"地理国情监测云平台"）

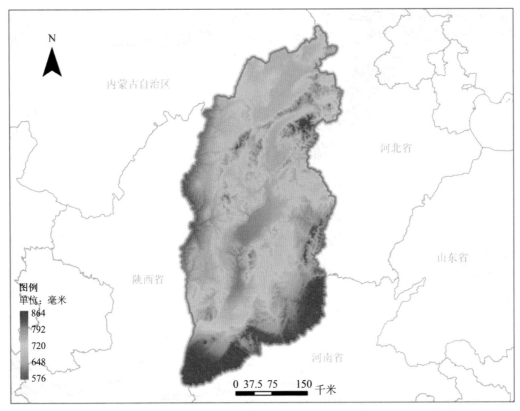

图 2-3　山西省年均降水量分布（引自"地理国情监测云平台"）

四、土壤条件

由于受复杂的地形、气候、生物等自然因素及人类社会生产活动影响，山西省土壤按形成类型分为地带性土壤、山地土壤、隐域性土壤。中南部为森林草原褐土地带，北部为干旱草原栗钙土地带，吕梁山以西是由森林草原向干草原过渡的灰褐土地带。山地土壤分亚高山草甸土、淋溶褐土、山地褐土（图2-4）。

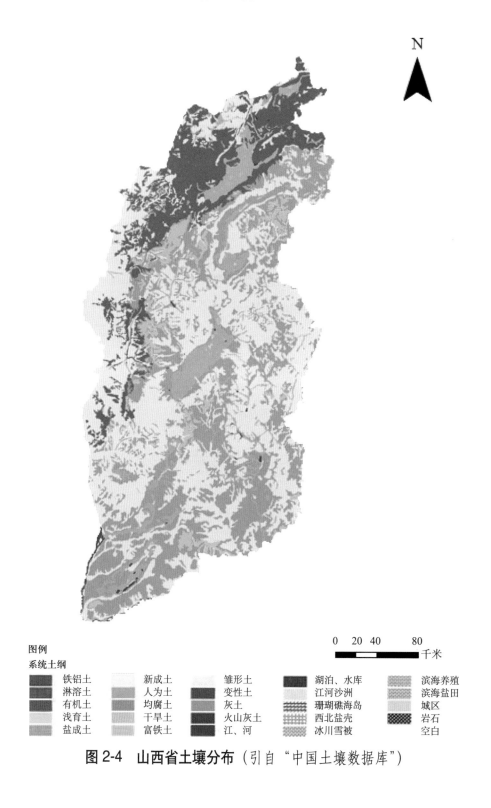

图例
系统土纲

铁铝土	新成土	雏形土	湖泊、水库	滨海养殖
淋溶土	人为土	变性土	江河沙洲	滨海盐田
有机土	均腐土	灰土	珊瑚礁海岛	城区
浅育土	干旱土	火山灰土	西北盐壳	岩石
盐成土	富铁土	江、河	冰川雪被	空白

0　20　40　　80
千米

图2-4　山西省土壤分布（引自"中国土壤数据库"）

五、水文条件

山西省陆地地表水十分贫乏，而且分布不均，水资源总量 152.4 亿立方米。集水面积大于 4000 平方千米，河流长度在 150 千米以上的有汾河、沁河、涑水河、三川河、昕水河、桑干河、滹沱河及漳河等 8 条。根据计算，全省河川径流量为 114 亿立方米，与全国各省比较，占倒数第二位，仅比宁夏多一些。山西河流全属外流水系，分属于黄河、海河两大水系。大体上向西、向南流的属黄河水系，向东流的属海河水系。其中黄河流域面积为 97503 平方千米，占全省土地总面积的 62.2%，海河流域面积为 59320 平方千米，占全省土地总面积的 37.8%。河流大都发源于东西山地。山西省地下水资源为 12146 亿立方米，但可采水资源只占 45%，且多分布于盆地边缘及省境四周（图 2-5）。

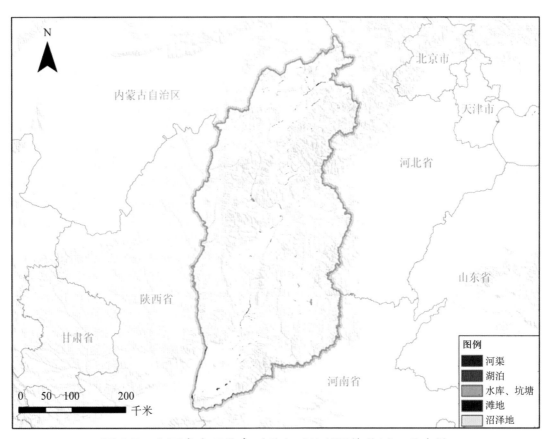

图 2-5 山西省水系分布（引自"地理国情监测云平台"）

六、野生动植物资源

山西野生植物资源丰富，目前已知的有 1000 多种。野生药物有 90 多种，广泛分布在丘陵山地，比较著名的有党参（*Codonopsis pilosula*）、黄芪（*Astragalus membranaceus*）、甘草（*Glycyrrhiza uralensis*）、连翘（*Forsythia suspensa*）等。

野生动物以陆栖类为主，已知的有 400 多种，属于国家保护的珍稀动物有 70 多种（图 2-6）。其中国家一级保护动物有 13 种：华北豹（*Panthera pardus fontanierii*）、林麝

（*Moschus berezovskii*）、褐马鸡（*Crossoptilon mantchuricum*）、黑鹳（*Ciconia nigra*）、遗鸥（*Larus relictus*）、金雕（*Aquila chrysaetos*）等；国家二级保护动物 57 种，如大鲵（*Andrias davidianus*）、猕猴（*Macaca mulatta*）、马鹿（*Cervus elaphus*）、大天鹅（*Cygnus cygnus*）、鸳鸯（*Aix galericulata*）等；省级重点保护野生动物 27 种，如苍鹭（*Ardea cinerea*）、池鹭（*Ardeola bacchus*）、金眶鸻（*Charadrius dubius*）、鹮嘴鹬（*Ibidorhyncha struthersii*）等。依据世界自然保护联盟（IUCN）物种存续委员会（SSC）确定的物种受威胁程度，山西省境内野生脊椎动物中属于极危物种 2 种，濒危物种 11 种，易危与近危物种共 62 种。按照《中国外来入侵物种编目》，山西境内外来入侵动物有 2 种，即小家鼠（*Mus musculus wagneri*）和褐家鼠（*Rattus norvegicus*）。药用动物有 70 多种。

图 2-6   山西省珍稀保护动物

七、旅游资源

山西是中国旅游资源大省，北有大同云冈石窟和佛教圣地五台山等，中有平遥古城和乔家大院等，南有黄河唯一的瀑布——壶口瀑布、中国最大的武庙——解州关帝庙、中国四大回音建筑之一的永济普救寺。"地上文物看山西"，全国 70% 以上的地上文物在山西，据统计山西省目前保存下来的各类文物（不可移动者）计 31401 处。其中：古遗址 2639 处、

图 2-7   山西省旅游资源

古墓葬 1666 处、古代建筑及历史纪念建筑 18118 处、石窟寺 300 处、古脊椎动物化石地点 360 处、石刻及其他 6852 处、革命遗址及革命纪念建筑 1466 处，以及依附于古建筑及历史纪念建筑中的彩塑 12345 尊、寺观壁画 26751 平方米。所以"依托文物，开发旅游"在山西前景广阔，旅游事业必将成为山西重要的支柱产业（图 2-7）。

第二节　森林资源概况

山西省共有 11 个市林业局、119 个县（区、市）林业局，1251 个乡镇林业工作站，227 个国营林场。其中省直国有林管理局 9 个，是维系山西省生态平衡的坚实基础，保护着山西省 150 万公顷最精华的森林，占全省林地面积的 18%。省直林管局这一管理形式，在全国是独一无二的。

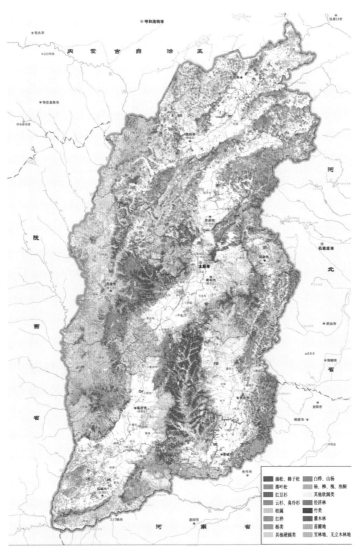

图 2-8　山西省森林资源分布示意（引自"地理国情监测云平台"）

山西省林地总面积 836.83 万公顷，占国土面积的 53.43%，其中，乔木林地 251.69 万公顷，灌木林地 157.65 万公顷，特殊灌木林地 88.83 万公顷，三者约占林地总面积的 60%；森林面积 340.5 万公顷，占林地面积的 40.68%，森林覆盖率 21.74%（2016 年）。天然林面积占森林面积的 47.79%，主要分布在管涔山、黑茶山、吕梁山和中条山等林区，人工林面积比例 52.21%，是山西省森林资源的重要组成部分，也反映了山西省国土绿化和生态建设的重要成果。林木活立木总蓄积量 14778.65 万立方米，其中森林蓄积量 13310.68 万立方米，占总蓄积量的 90%。乔木林资源以防护林为主，其面积和蓄积量比例分别为 66.36% 和 73.20%，薪炭林面积和蓄积量最低。树种组中松类面积最大，占乔木林总面积的 33.83%，其次为混交林面积 23.16%，最小为竹林（图 2-8）。

一、林业用地面积

根据国家有关技术分类标准，林业用地划分为有林地、疏林地、灌木林地、未成林地、苗圃地、无立木地、宜林地（表 2-1）。

表 2-1　山西省林业用地各地类面积及比例

面积及比例	总面积	有林地	疏林地	特殊灌木林地	其他灌木林	未成林地	苗圃地	无立木林地	宜林地
面积（万公顷）	836.83	251.69	17.46	88.83	157.65	42.29	1.90	2.23	274.79
比例（%）	100.00	30.08	2.09	10.61	18.84	5.05	0.23	0.27	32.84

二、森林资源结构

森林资源结构通常用林种、树种、龄组和起源等结构从不同的角度反映森林系统功能、质量和经营状况。

（一）林种结构

根据山西省各林种分类，将林地划分为防护林、特用林、用材林、薪炭林和经济林等 5 大类。各大类林种面积所占比例由大到小分别为防护林、经济林、用材林、特用林和薪炭林（图 2-9）。5 大类林种分别包括水土保持林、防风固沙林、农牧防护林、护岸林、护路林、水源涵养林、其他防护林、母树林、风景林、名胜纪念林、自然保护林、短轮伐期林、速生丰产林、一般用材林、果树林、食用原料林、药用林和其他经济林。全省各林种面积所占比例排序中，位于前 5 位的为水土保持林、水源涵养林、果树林、防风固沙林和一般用材林，占全省林地总面积的 87.56%；后 5 位为名胜纪念林、短轮伐期林、农牧防护林、药用林和母树林，仅占全省林地面积的 0.39%（图 2-10）。

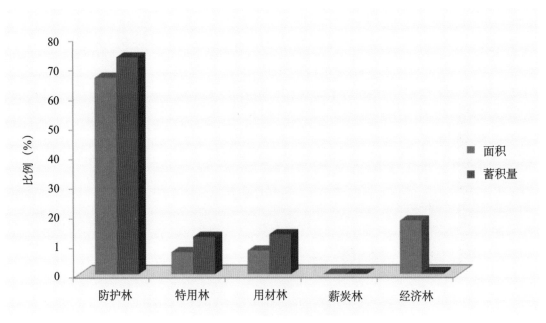

图 2-9 山西省主要林种面积和蓄积量比例

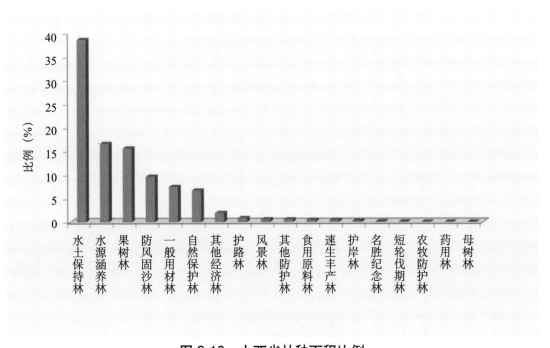

图 2-10 山西省林种面积比例

(二) 优势树种组结构

山西省各类林地面积构成中, 特殊灌木林 88.81 万公顷, 一般灌木林地 157.66 万公顷, 共占林地总面积的 29.45%, 约占林地总面积的 1/3; 同时, 山西林业在发展过程中十分注重核桃、红枣、仁用杏等经济林, 经济林面积较大, 不可忽视, 因此在测算过程中, 按山西省森林资源现状共划分了灌木林、经济林和乔木林优势树种组。乔木林又分为 13 个优势树种组, 各优势树种组按面积排序, 前 3 位依次是灌木林、油松林和经济林, 其面积合计为

331.62 万公顷，占全省总面积的 66.57%（图 2-11）；按林分蓄积量排序，前 3 位依次是松类、混交林和栎类，其蓄积量合计为 98.63 亿立方米，占全省总蓄积量的 74.10%。

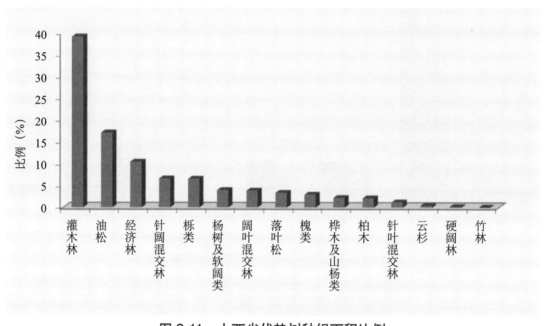

图 2-11　山西省优势树种组面积比例

（三）林龄组结构

根据树木的生物学特性及经营利用目的不同，将乔木林生长过程划分为幼龄林、中龄林、近熟林、成熟林和过熟林 5 个林龄组。幼龄林面积比例最高达到 32.50%，过熟林的面积比例仅 8.99%，而林分蓄积量则不同，中龄林的蓄积量显著高于其他林龄组，超过总蓄积量的 1/3（表 2-2）。

表 2-2　不同林龄组面积和蓄积量比例

	合计	幼龄林	中龄林	近熟林	成熟林	过熟林
面积（万公顷）	251.70	81.79	79.42	40.53	27.32	22.64
比例（%）	100.00	32.50	31.55	16.10	10.85	8.99
蓄积量（亿立方米）	133.12	26.85	48.65	27.69	18.33	11.60
比例（%）	100.00	20.17	36.55	20.80	13.77	8.71

（四）起源结构

根据森林起源方式不同，将森林划分为天然林和人工林。全省天然林面积 131.8 万公顷，占比 52.37%。人工林面积 119.9 万公顷，占比 47.63%；天然林蓄积量 7643.17 万立方米，占比 57.42%；人工林蓄积量 5667.51 万立方米，占比 42.58%。

（五）各地级市森林资源概况分析

山西省各地级市的各类林地面积见表 2-3，忻州市林地面积最大，为 133.44 万公顷，吕梁市和临汾市分别为 132.07 万和 123.26 万公顷，显著高于其他地市，阳泉市林地面积最小，仅为忻州市的 1/5（图 2-12）。乔木林地面积分布特征和林地总面积不同，乔木林面积大小分别为临汾市＞吕梁市＞长治市＞忻州市＞晋城市＞晋中市＞运城市＞大同市＞太原市＞朔州市＞阳泉市。

表 2-3　山西省各地级市各类林地面积统计

地级市	土地总面积（万公顷）	林地（万公顷）	乔木林地（万公顷）	疏林地（万公顷）	特殊灌木林地（万公顷）	其他灌木林（万公顷）	未成林地（万公顷）	苗圃地（万公顷）	无立木林地（万公顷）	宜林地（万公顷）
合计	1566.23	836.83	251.69	17.46	88.82	157.66	42.29	1.90	2.23	274.79
大同市	140.63	65.54	12.57	1.12	20.37	0.00	4.21	0.45	0.43	26.39
晋城市	94.22	53.70	26.42	1.13	0.98	10.12	1.53	0.07	0.03	13.41
晋中市	163.91	84.85	22.16	2.53	4.78	25.25	3.62	0.33	0.13	26.05
临汾市	202.81	123.26	44.96	2.79	2.55	23.81	5.62	0.18	0.36	42.99
吕梁市	211.23	132.07	37.76	2.14	17.08	26.62	5.89	0.09	0.54	41.96
朔州市	106.24	39.50	9.67	0.86	12.69	0.02	3.02	0.36	0.11	12.79
太原市	69.02	40.32	9.75	1.48	1.84	11.17	3.76	0.15	0.13	12.03
忻州市	251.37	133.44	27.31	2.70	9.67	37.21	9.61	0.13	0.28	46.53
阳泉市	45.60	25.51	9.22	0.19	0.85	6.13	0.92	0.02	0.01	8.18
运城市	141.70	65.11	22.01	0.99	15.10	6.57	2.19	0.08	0.11	18.05
长治市	139.52	73.53	29.85	1.53	2.91	10.77	1.92	0.05	0.10	26.41

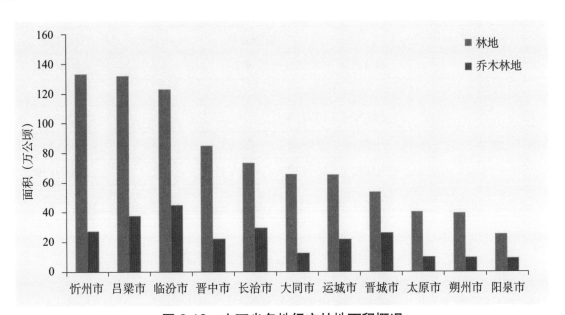

图 2-12　山西省各地级市林地面积概况

第三章
山西省森林生态系统服务功能物质量评估

依据中华人民共和国林业行业标准《森林生态系统服务功能评估规范》(LY/T1721—2008)，本章将对山西省森林生态系统服务的物质量开展评估，进而研究山西省森林生态系统服务的特征。

第一节 山西省森林生态系统服务物质量评估总结果

根据《森林生态系统服务功能评估规范》(LY/T1721—2008) 的评价方法，得出山西省森林生态系统涵养水源、保育土壤、固碳释氧、林木积累营养物质和净化大气环境5个方面的生态系统服务物质量 (表3-1)。

表3-1 山西省森林生态系统服务功能物质量评估结果

功能项	功能分项	物质量
涵养水源	调节水量 ($\times 10^8$立方米/年)	101.03
保育土壤	固土 ($\times 10^4$吨/年)	72334.18
	土壤N ($\times 10^4$吨/年)	349.06
	土壤P ($\times 10^4$吨/年)	69.53
	土壤K ($\times 10^4$吨/年)	1660.30
	土壤有机质 ($\times 10^4$吨/年)	1202.58
固碳释氧	固碳 ($\times 10^4$吨/年)	762.88
	释氧 ($\times 10^4$吨/年)	1788.97
林木积累营养物质	林木N ($\times 10^2$吨/年)	2203.69
	林木P ($\times 10^2$吨/年)	604.45
	林木K ($\times 10^2$吨/年)	795.80

（续）

功能项	功能分项		物质量
净化大气环境	提供负离子（×10²²个/年）		1952.62
	吸收二氧化硫量（×10⁴千克/年）		58687.65
	吸收氟化物量（×10⁴千克/年）		1755.34
	吸收氮氧化物量（×10⁴千克/年）		2925.88
	滞尘量	滞纳TSP（×10⁸吨/年）	8687.52
		滞纳PM₁₀（×10⁴千克/年）	2741.78
		滞纳PM₂.₅（×10⁴千克/年）	1332.58

一、涵养水源

山西省境内的河流有1000余条，其中，流域面积在100平方千米以上的有240条，大于4000平方千米的河流有8条，分属于黄河、海河两大水系。黄河流域水系主要分布于山西省南部和西部地区，总流域面积为97138平方千米，占全省总流域面积的62%。大于4000平方千米的有汾河、沁河、涑水河、昕水河和三川河。海河水系主要分布于山西省北部及东部地区，总流域面积为59133平方千米，约占全省总流域面积的38%。大于4000平方千米的支流有桑干河、滹沱河及浊漳河和清漳河。由于新构造运动的影响，山西省现有湖泊比较少，集中分布在运城地区、沁县和宁武附近，主要有沁县湖泊群、运城盐池和宁武天池湖群。《山西省水资源公报（2001—2012)》显示，山西省水资源总量多年来平均为142.5亿立方米，水资源总量偏少，仅占全国总量的0.5%，人均占有水量262.18立方米，相当于全国人均占有水量的14.29%，是一个贫水的省份，主要特征：严重短缺及时空分布不均衡；污染严重；干旱化趋势加剧；地下水严重超采（王颖，2011）。水资源供需矛盾突出，严重制约着山西省的经济和社会发展。由表3-1可以看出，山西省森林生态系统涵养水源量为101.03亿立方米/年，相当于水资源总量的70.8%。由此可见，山西省森林生态系统可谓是"绿色""安全"的水库，其对维护山西省的水资源安全起着十分重要的作用（图3-1）。

山西省境内由于地形、气候复杂，导致洪涝、干旱等多种灾害易于发生，造成大面积水土流失，雨季大量淡水资源得不到利用，而在旱季作物生长时又常常重度缺水，威胁着山西省社会、经济的可持续发展（杨蝉玉，2014）。作为典型的资源型省份，处于新时代资源型经济转型发展过程中的山西省，必须将水资源的永续利用与保护作为实施可持续发展的战略重点，以促进山西省"生态—经济—社会"的健康运行与协调发展。如何破解这一难题，缓解水资源不足与社会转型发展之间的矛盾，只有从增加储备和合理利用水资源这两方面入手。建设水利设施拦截水流增加储备的工程方法，得到山西省政府的重视并取得了可喜的成绩。同时运用绿色覆盖措施，增加"绿量"，提高"绿质"，发挥森林植被的涵养水源功能，也应该引起社会的高度重视（杨军，2017）。

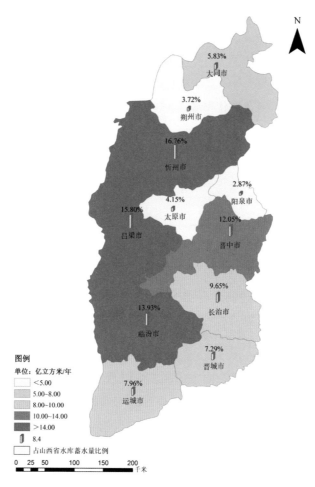

图 3-1　山西省森林生态系统"水库"分布

二、保育土壤

山西省地处黄河中游、黄土高原东部，总土地面积 15.6 万平方千米，水土流失面积 10.8 万平方千米，占国土总面积的 69%。全省地形复杂，山地、丘陵占总面积的 80%，且多为难以治理的水土流失劣地，是水土流失异常严重的省份之一。严重的水土流失导致耕地减少，土地退化，洪涝灾害加剧，生态环境恶化，给经济发展和人民群众生活带来危害。据有关部门统计，山西省每年平均流失泥土 5000~10000 吨 / 平方千米，少数地方甚至大于 10000 吨 / 平方千米。据测算，2007 年山西省平均每年向黄河、海河输送泥沙 4.56 亿吨，其中入黄河泥沙 3.66 亿吨，入海河泥沙 0.9 亿吨(李瑞忠，2009)，属于水土流失异常严重的省份之一。从表 3-1 可见，山西省森林生态系统的固土量为 72334.18 万吨 / 年，相当于省内年侵蚀量的 1.58 倍，这说明山西省森林生态系统的保育土壤功能对于固持土壤，保护人民群众的生产、生活和财产安全的意义重大，进而维持了山西省社会、经济和生态环境的可持续发展。

三、固碳释氧

山西省煤炭资源储量大、分布广、品种全、质量优。全省含煤面积 6.2 万平方千米，占

国土面积的 40.4%。截至 2015 年年底，山西省各类煤矿共有 1078 座，平均单井规模 135.4
万吨 / 年。煤炭在山西能源消费总量中的占比高达 90%，非化石能源仅占能源消费总量约
3%。《2016 年山西统计年鉴》统计结果显示，山西省能源的消费总量是 19383.5 万吨标准煤，
经碳排放转换系数（徐国泉，2006）换算可知，山西省碳排放量为 14493.1 万吨，是全国碳
排放强度较高的省份之一。

由表 3-1 和图 3-2 可知，山西省森林生态系统固碳量为 762.88 万吨 / 年，相当于吸收了
2016 年全省碳排放量的 5.2%，尽管对抵消碳排放总量有限，但与工业减排相比，森林固碳
投资少、代价低、综合效益大，更具有经济可行性和现实操作性。因此，提高森林生态系
统价值，是节能减排的重要措施。森林植物在光合作用的光反应阶段，水在酶与光的作用
下分解为氧气和还原性氢，氧气通过气孔释放，还原性氢参与下一阶段的暗反应阶段，因
此植物在固定碳的同时，向空气中释放氧气，因此有"森林氧吧"之美誉。

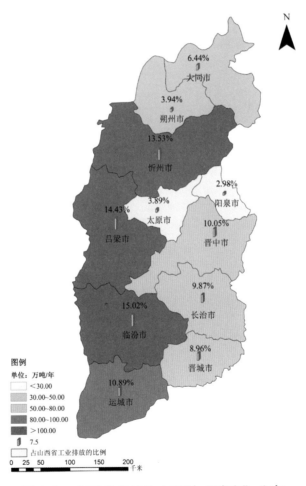

图 3-2　山西省森林生态系统"碳库"分布

四、林木积累营养物质

林木在生长过程中不断从周围环境吸收营养物质，固定在植物体中，成为全球生物化
学循环不可缺少的环节。林木积累营养物质服务功能首先是维持自身生态系统的养分平衡，

其次是为人类提供生态系统服务。林木积累营养物质功能与固土保肥中的保肥功能，无论从机理、空间部位，还是计算方法上都有本质区别，前者属于生物地球化学循环的范畴，而保肥功能是从水土保持的角度评估，即如果没有这片森林，每年水土流失中也将包含一定的营养物质，属于物理过程。

山西省森林生态系统林木积累的总氮量为220368.66吨/年，单位面积年积累氮量0.0442吨/公顷；林木积累总磷量为60444.62吨/年，单位面积年积累磷量为0.0121吨/公顷；林木积累总钾量为79579.78吨/年，单位面积年积累钾量为0.0160吨/公顷。

五、净化大气环境

山西省是全国的能源和重工业基地，随着社会经济各方面的快速发展，污染物排放也不断增加，给生态环境造成新的压力，环境空气污染问题成为了现阶段及今后很长一段时间的主要环境问题。2016年《山西省环境状况公报》显示，山西省化学需氧量排放总量40.51万吨，氨氮排放总量5.01万吨，二氧化硫排放总量112.06万吨，氮氧化物排放总量93.07万吨。测算结果显示，山西省森林生态系统二氧化硫吸收量为58.69万吨，氮氧化物吸收量为2.92万

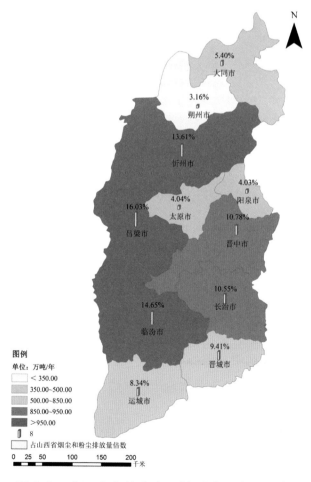

图 3-3　山西省森林生态系统"滞尘库"分布

吨(图3-3),分别相当于山西省工业二氧化硫排放量的52.4%,工业氮氧化物排放量的3.1%。因此,山西省森林生态系统在吸收大气污染物、净化大气环境方面具有重要的作用。

六、小 结

由图3-1至图3-4可以看出,山西省森林生态系统年涵养水源量101.03亿立方米;吕梁市、临汾市和忻州市涵养水源量比例较高,三者共占全省的46.49%。山西省森林生态系统的年固碳量能抵消762.88万吨的排放量,也就是说山西省森林生态系统固碳量相当于本省工业碳排放量的5.2%。本研究基于模拟实验的结果,核算采用的是林木的最大滞尘量。因此可见,山西省森林生态系统在滞尘方面具有很大的潜力,但是为了治理不断严峻的城市雾霾天气,山西省在将来的林业建设过程中,应将重点放在由北向南的盆地、平原地区,因为重点城市均分布在平原区,应种植滞尘能力较强的树种,力争把区域内产生的空气颗粒物大量滞留,以保障山西省的空气环境质量;山西省森林生态系统生物多样性保护价值较大地区,包括忻州市、吕梁市和临汾市,主要取决于这3个地级市地形地貌的特殊性,且生物多样性比较丰富(图3-4)。

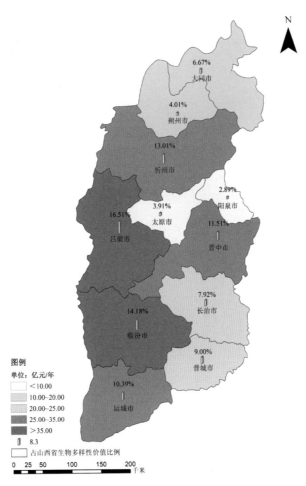

图3-4 山西省森林生态系统"基因库"分布

第二节　山西省各地级市森林生态系统服务功能物质量评估结果

山西省下辖 11 个地级市，本评估是以大同市、晋城市、晋中市、临汾市、吕梁市、朔州市、太原市、忻州市、阳泉市、运城市和长治市共 11 个统计单位的森林资源数据，根据本研究第一章提出的公式模型，评估出各地级市森林生态系统服务功能的物质量。

山西省各地级市的森林生态系统服务功能物质量如表 3-2 所示，各项森林生态系统服务功能物质量在各地级市的空间分布格局见图 3-5 至图 3-21。

一、涵养水源

调节水量最高的 3 个地级市为忻州市、吕梁市和临汾市，分别为 16.93 亿立方米 / 年、15.96 亿立方米 / 年和 14.08 亿立方米 / 年，占全省调节水量总量的 46.49%；最低的 3 个地级市为太原市、朔州市和阳泉市，分别为 4.19 亿立方米 / 年、3.76 亿立方米 / 年和 2.90 亿立方米 / 年，仅占全省总量的 10.74%（图 3-5）。各地级市森林生态系统调节水量能力有所差异，单位面积调节水量最高的为晋中市，为 2332.43 吨 / 公顷；最低地区为朔州市，为 1679.39 吨 / 公顷（表 3-3）。

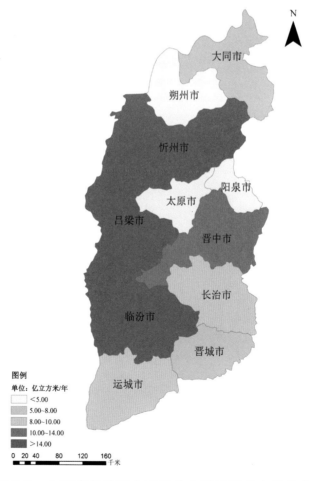

图 3-5　山西省各地级市森林生态系统调节水量分布

表 3-2　山西省各地级市森林生态系统服务功能物质量评估结果

类别	指标 \ 地级市		大同市	晋城市	晋中市	临汾市	吕梁市	朔州市	太原市	忻州市	阳泉市	运城市	长治市	小计
涵养水源	调节水量（×10⁸立方米/年）		5.89	7.37	12.17	14.08	15.96	3.76	4.19	16.93	2.90	8.05	9.75	101.03
保育土壤	固土（×10⁴吨/年）		4802.89	5485.44	7602.22	10340.36	11651.80	3259.20	3321.82	10808.16	2353.98	6337.27	6371.02	72334.18
	土壤N（×10⁴吨/年）		20.68	6.32	31.61	64.77	63.08	12.59	17.19	51.62	9.17	45.03	27.02	349.06
	土壤P（×10⁴吨/年）		4.80	6.32	6.25	10.08	11.02	5.16	2.00	7.86	1.65	9.61	4.78	69.53
	土壤K（×10⁴吨/年）		144.48	107.05	137.98	227.36	270.72	105.25	76.96	284.39	41.73	153.15	111.22	1660.30
	土壤有机质（×10⁴吨/年）		87.00	91.45	121.74	211.81	213.32	34.83	62.97	141.78	27.03	103.40	107.25	1202.58
固碳释氧	固碳（×10⁴吨/年）		49.11	68.35	76.69	114.62	110.06	30.09	29.68	103.24	22.71	83.05	75.27	762.88
	释氧（×10⁴吨/年）		114.72	163.91	178.76	270.58	253.23	69.18	67.87	238.65	52.55	200.14	179.38	1788.97
林木积累营养物质	林木N（×10²吨/年）		125.09	209.50	194.38	362.34	293.19	53.75	93.35	291.03	57.29	307.68	216.09	2203.69
	林木P（×10²吨/年）		35.03	60.79	49.94	96.35	90.95	21.12	21.47	76.81	17.11	76.28	58.60	604.45
	林木K（×10²吨/年）		44.69	85.93	72.33	128.87	106.49	24.18	32.27	97.71	27.10	85.46	90.77	795.80
净化大气环境	提供负离子（×10²²个/年）		72.98	182.37	125.42	344.17	407.50	54.18	83.44	152.83	62.20	210.98	256.54	1952.62
	吸收二氧化硫（×10⁴千克/年）		3518.37	5001.12	6332.24	8472.36	9218.33	2112.49	2603.16	8599.91	2364.69	4296.24	6168.74	58687.65
	吸收氟化物（×10⁴千克/年）		122.82	117.69	184.82	236.07	298.22	98.71	80.98	272.76	44.05	182.64	116.58	1755.34
	吸收氮氧化物（×10⁴千克/年）		190.68	225.17	313.11	427.92	488.71	134.21	136.59	435.06	94.63	218.63	261.17	2925.88
	滞尘量	滞纳TSP（×10⁸千克/年）	469.51	817.33	936.81	1272.32	1392.79	274.88	350.81	1182.07	350.07	724.55	916.38	8687.52
		滞纳PM₁₀（×10⁴千克/年）	103.84	307.75	268.66	480.92	449.55	48.81	115.86	291.01	98.54	243.35	333.50	2741.78
		滞纳PM₂.₅（×10⁴千克/年）	78.25	120.97	144.99	204.73	209.99	47.49	60.14	197.38	42.49	108.00	118.14	1332.58

表3-3 山西省森林生态系统服务功能单位面积物质量

类别	指标	大同市	晋城市	晋中市	临汾市	吕梁市	朔州市	太原市	忻州市	阳泉市	运城市	长治市	平均值
涵养水源	调节水量（立方米/年）	1786.19	1963.13	2332.43	1973.85	1959.38	1679.39	1841.10	2282.32	1787.83	1841.67	2239.16	2028.02
保育土壤	固土（吨/年）	145.77	146.17	145.68	144.98	143.05	145.71	145.92	145.68	145.33	145.07	146.39	145.20
	土壤N（吨/年）	0.63	0.17	0.61	0.91	0.77	0.56	0.76	0.70	0.57	1.03	0.62	0.70
	土壤P（吨/年）	0.15	0.17	0.12	0.14	0.14	0.23	0.09	0.11	0.10	0.22	0.11	0.14
	土壤K（吨/年）	4.39	2.85	2.64	3.19	3.32	4.71	3.38	3.83	2.58	3.51	2.56	3.33
	土壤有机质（吨/年）	2.64	2.44	2.33	2.97	2.62	1.56	2.77	1.91	1.67	2.37	2.46	2.41
固碳释氧	固碳（吨/年）	1.49	1.82	1.47	1.61	1.35	1.35	1.30	1.39	1.40	1.90	1.73	1.53
	释氧（吨/年）	3.48	4.37	3.43	3.79	3.11	3.09	2.98	3.22	3.24	4.58	4.12	3.59
林木积累营养物质	林木N（吨/年）	0.04	0.06	0.04	0.05	0.04	0.02	0.04	0.04	0.04	0.07	0.05	0.04
	林木P（吨/年）	0.01	0.02	0.0096	0.01	0.01	0.0094	0.0094	0.01	0.01	0.02	0.01	0.01
	林木K（吨/年）	0.01	0.02	0.02	0.02	0.01	0.01	0.01	0.01	0.02	0.02	0.02	0.02
净化大气环境	提供负离子（×10^{15}个/年）	2215.09	4859.55	2403.30	4825.73	5003.01	2422.10	3665.35	2059.96	3840.19	4829.77	5894.52	3919.66
	吸收二氧化硫量（千克/年）	106.79	133.26	121.34	118.79	113.18	94.44	114.35	115.91	145.99	98.35	141.74	117.81
	吸收氟化物量（千克/年）	3.73	3.14	3.54	3.31	3.66	4.41	3.56	3.68	2.72	4.18	2.68	3.52
	吸收氮氧化物量（千克/年）	5.79	6.00	6.00	6.00	6.00	6.00	6.00	5.86	5.84	5.00	6.00	5.87
	滞尘量　滞纳TSP（吨/年）	14.25	21.78	17.95	17.84	17.10	12.29	15.41	15.93	21.61	16.59	21.06	17.44
	滞纳PM_{10}（千克/年）	3.15	8.20	5.15	6.74	5.52	2.18	5.09	3.92	6.08	5.57	7.66	5.50
	滞纳$PM_{2.5}$（千克/年）	2.38	3.22	2.78	2.87	2.58	2.12	2.64	2.66	2.62	2.47	2.71	2.68

山西省多年平均地表水资源总量为 69.80 亿立方米，森林生态系统为每个地级市提高了至少 5 亿立方米的水资源，大大提高了人均水资源占有量；其中，晋中市、忻州市和长治市森林生态系统单位面积涵养水源量均在 2230 吨 / 公顷以上。另外，各地级市森林生态系统调节水量与其用水量之比，各地级市之间差异较大，这与各地级市的经济状况和人口数量有直接的关系，这也恰恰说明了森林生态系统的涵养水源功能可以在一定程度上保证社会的水资源安全。山西省各地区降水量存在较大的差别，南部大，最大降雨量能达到 619 毫米，中部中等，北部小，最小为 364 毫米（王孟本，2009）。森林生态系统涵养水源功能有助于延缓径流产生的时间，起到了调节水资源时间分配不均的作用。各地级市森林生态系统调节水量与其降水量相比，能够将降水截留，大大降低了地质灾害的发生，保障了人民生命财产的安全。

二、保育土壤

山西省中度以上侵蚀面积居全国第二位，是水土流失异常严重省份之一。评估结果显示，固土量最高的 3 个地级市为吕梁市、忻州市和临汾市，分别为 11651.8 万吨 / 年、10808.16 万吨 / 年和 10340.36 万吨 / 年，占全省总量的 45.35%；最低的 3 个地级市为太原市、朔州市和阳泉市，分别为 3321.82 万吨 / 年、3259.2 万吨 / 年和 2353.98 万吨 / 年，仅占全省总量的 12.35%（图 3-6）。森林生态系统单位面积固土量大于 146 吨 / 公顷的地级市为长治市和晋城市，吕梁市最小。

山西省土壤侵蚀类型主要有水力侵蚀、风力侵蚀等类型。严重的水土流失造成耕作土层变薄、地力减退。大量黄土淤积河道、水库，风力侵蚀使草原和耕地退化、盐渍化，加剧了地质灾害的发生，对人们的生活、生存安全构成严重威胁（张杨，2016）。森林凭借庞大的树冠、深厚的枯枝落叶层、强大的根系系统截留大气降水，减少或避免雨滴对土壤表层的直接冲击，有效地固持土体，降低了地表径流对土壤的冲蚀，使土壤流失量大大降低。而且森林的生长发育及其代谢产物不断对土壤产生物理及化学影响，参与土体内部的能量转换与物质循环，使土壤肥力提高。有数据显示，山西省通过 30 年实施退耕还林、天然林保护、防护林体系建设等重大林业生态工程以来，完成水土流失综合治理面积 5851.6 平方千米（张江汀，2013），赢得了政府和社会的认可。山西省水土流失区成片集中区为西部黄土区的吕梁市、临汾市和忻州市，东部土石山区的大同市，通过森林生态系统固土功能的评估可以看出，上述地区的森林生态系统固土量排在全省前列，约占全省总固土量的 52%。另外，以上地区属于黄河流域和海河流域重要的干支流，区内还分布有汾河二库、文峪河水库、万家寨水库等大型水库，其森林生态系统的固土作用极大地保障了水库的运行安全以及延长了水库的使用寿命，为本区域社会经济发展提供了重要保障。

山西地形高差变化大，地质构造条件复杂，降水量集中，形成崩塌、滑坡、泥石流、

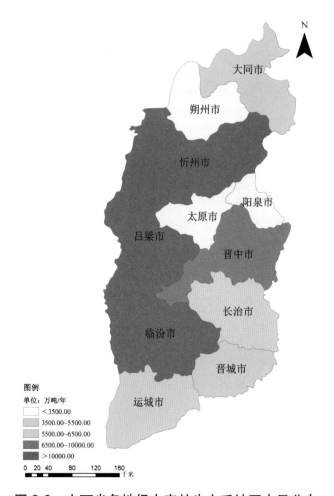

图 3-6　山西省各地级市森林生态系统固土量分布

地裂缝等地质灾害的动力条件充分，自然地质灾害易发，历史上自然地质灾害具有点多面广的特点。山西是一个矿业开发大省，随着采矿深度和广度的增大，全省由采矿引起的地面裂缝、地面塌陷、崩塌、滑坡、泥石流等人为地质灾害频繁发生，造成的经济损失与人员伤亡十分严重。另外，山西铁路、公路的修建，重要城市附近地下水的集中超量开采，也一定程度上诱发了崩塌、滑坡、地面裂缝、地面沉降等人为地质灾害的发生。据不完全统计，20 世纪 80 年代以来山西各类地质灾害造成的直接经济损失达数亿元，死亡人数超过2000 人，受潜在地质灾害威胁的人员和财产数量惊人。大量的研究表明，森林植被庞大的根系系统可以固持水土，防治崩塌、滑坡等地质灾害的发生。从评价结果看，山西省主要水土流失地级市的森林生态系统固土量占全省一半以上，在生态脆弱区大大降低了地质灾害的潜在危险，保障了当地人民群众的安全。

　　保育土壤最高的 3 个地级市为吕梁市、忻州市和临汾市，约占全省总量的 50%；最低的 3 个地级市为太原市、朔州市和阳泉市，约占全省总量的 10%（图 3-7 至图 3-10）。保肥量评价结果显示，运城市森林生态系统保育土壤氮素能力最高，年保育氮素 1.0307 吨 / 公

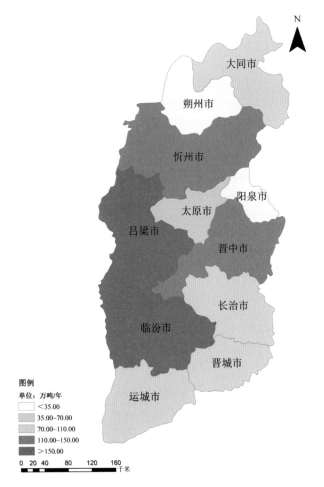

图 3-7　山西省各地级市森林生态系统固定有机质量分布

顷；在保育磷素方面，运城市和朔州年保育磷素超过 0.2 吨 / 公顷，显著高于其他地级市，太原市最低，不足 0.1 吨 / 公顷；山西省森林生态系统保育钾素能力较强，与土壤母质有关，大同市和朔州市年保育钾素物质量达到 4 吨 / 公顷以上；各地级市保育碳素能力差异性相对较小，年保育碳素能力最强的是临汾市，接近 3 吨 / 公顷，最小的是朔州市，仅为临汾市的一半。可见，不同地级市森林生态系统在保育土壤各元素能力差异较大，保育固定某种元素能力并不能代表整体保育土壤能力。森林生态系统所发挥的保肥功能，对于保障水质安全，以及维护黄河和海河流域的生态安全具有十分重要的现实意义。水土流失过程中会携带大量养分、重金属和化肥进入水体，污染水质，使水体富营养化。越是水土流失严重的地方，往往因为土壤贫瘠，化学农药的使用量也越大，从而加重这一恶性循环，森林的保肥保水对于维护地方经济的稳定具有重要的意义。

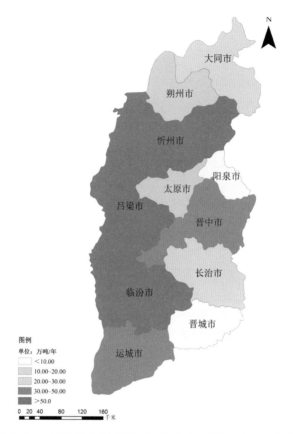

图3-8　山西省各地级市森林生态系统固氮量分布

图3-9　山西省各地级市森林生态系统固磷量分布

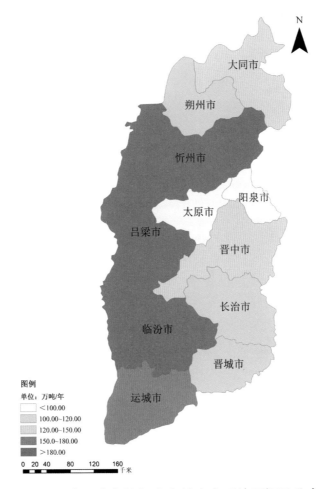

图 3-10　山西省各地级市森林生态系统固钾量分布

三、固碳释氧

固碳总量最高的 3 个地级市为临汾市、吕梁市和忻州市，分别为 114.62 万吨 / 年、110.06 万吨 / 年和 103.24 万吨 / 年，占全省总量的 43%；最低的三个地级市为太原市、朔州市和阳泉市，分别为 29.68 万吨 / 年、30.09 万吨 / 年和 22.71 万吨 / 年，仅占全省总量的 10.8%（图 3-11）。释氧量最高的三个地级市为临汾市、吕梁市和忻州市，分别为 270.58 万吨 / 年、253.23 万吨 / 年和 238.65 万吨 / 年，占全省总量的 42.6%；最低的三个地级市为太原市、朔州市和阳泉市，分别为 67.87 万吨 / 年、69.18 万吨 / 年和 52.55 万吨 / 年，仅占全省总量的 10.6%（图 3-12）。单位面积固碳量最高的地级市为运城市和晋城市，分别为 1.9 万吨 / 公顷和 1.82 万吨 / 公顷；最低为太原市，1.3 万吨 / 公顷（表 3-3）。单位面积释氧量最高为运城市和晋城市，分别为 4.58 万吨 / 公顷和 4.37 万吨 / 公顷；最低为太原市，不足 3 万吨 / 公顷。

地球系统碳库包括生态系统碳库、地质碳库、海洋碳库和土壤碳库，现阶段人类活动影响最为显著的碳库是陆地生态系统碳库，而森林作为陆地生态系统最大的碳库，保持着全球陆地植被 86% 的碳库，还具有巨大的土壤碳库。森林固碳机制是通过植被的光合作用过程吸收二氧化碳，并蓄积在树干、根部及枝叶等器官，从而抑制大气中二氧化碳浓度的

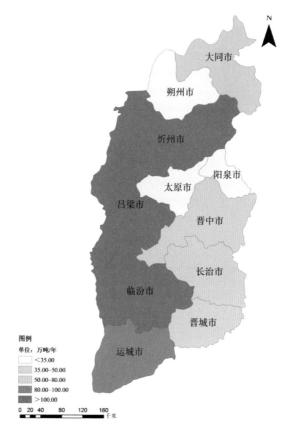

图3-11　山西省各地级市森林生态系统固碳量分布

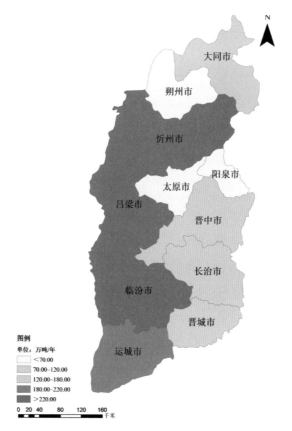

图3-12　山西省各地级市森林生态系统释氧量分布

上升，与别的土地利用方式相比，森林单位面积内可以储存更多的有机碳，因而，提高森林碳汇功能是调节全球碳平衡、减缓温室气体浓度上升以及维持全球气候稳定的有效途径（高一飞，2016）。

四、林木积累营养物质

森林植被在生长过程中不断从周围环境吸收营养物质，固定在植物体中，成为全球生物化学循环不可缺少的环节。林木积累营养物质首先是维持自身生态系统的养分平衡，其次是为人类提供生态系统服务。从林木积累营养物质的过程可见，在西部山区可以减少因为水土流失而带来的养分损失，使得固定在体内的养分元素在此进入生物地球化学循环，降低营养元素进入水体的风险。

氮素：林木积累氮素较高的地级市为临汾市和运城市，均超过30000吨/年，最低的2个地级市为朔州市和阳泉市，约5000吨/年；单位面积林木积累氮素最高的3个地级市为运城市、晋城市、长治市，分别为0.07吨/公顷、0.06吨/公顷和0.05吨/公顷，朔州市林木积累氮素能力最差，仅0.02吨/公顷（图3-13）。

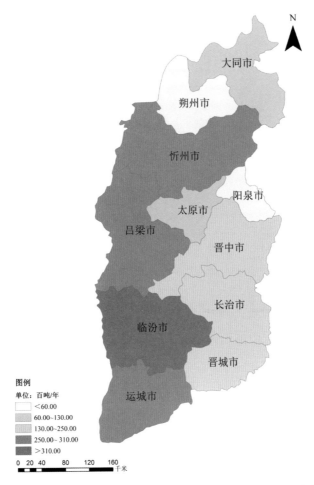

图3-13 山西省各地级市森林生态系统积累氮量分布

磷素：林木积累磷素最高的2个地级市为临汾市和吕梁市，均超过9000吨/年，最低为阳泉市，仅1700吨/年。单位面积林木积累磷素最高的3个地级市为运城市、晋城市、长治市，分别为0.0175吨/公顷、0.0162吨/公顷和0.0135吨/公顷；朔州市和太原市最低，仅0.0094吨/公顷（图3-14）。

钾素：林木积累钾素最高的两个地级市是晋城市和长治市，每年每公顷达到0.02吨以上，朔州市最小，仅为0.01吨（图3-14至图3-15）。单位面积林木积累钾素最高的地级市为临汾市，显著高于其他地级市，是最小地级市朔州市的5倍。

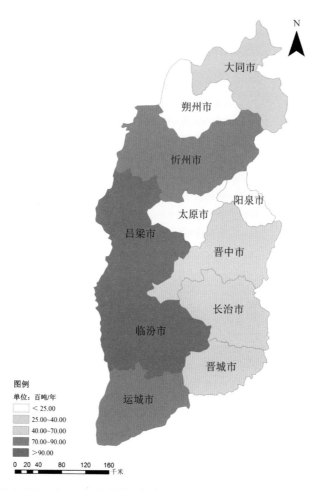

图3-14　山西省各地级市森林生态系统积累磷量分布

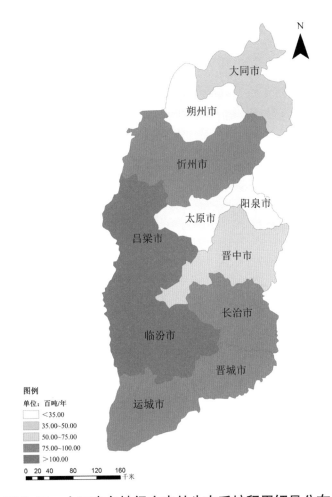

图 3-15 山西省各地级市森林生态系统积累钾量分布

五、净化大气环境

森林吸收污染物的作用是通过两种途径实现的：一方面树木通过叶片吸收大气中的有害物质，降低大气有害物质的浓度；另一方面树木能使某些有害物质在体内分解，转化为无害物质后代谢利用。

提供空气负离子：带有负电荷的空气负离子，能够吸附空气中的微粒，尤其是小于 0.01 微米的颗粒及工业飘尘，因此空气负离子具有除尘、净化空气的作用，也可以降低室内封闭空间使用空调导致的"空调综合症"；小粒径的空气负离子可以透过人体血脑屏障，清除体内自由基，降低血液黏稠度，具有改善睡眠、抗氧化、抗衰老的保健作用（李琳，2017）。在医学上当空气负离子浓度在 1000～5000 个 / 立方厘米时，能够增强人体免疫力及抗菌力；当空气负离子浓度在 5000～10000 个 / 立方厘米时，能够杀菌减少疾病的传染；当空气负离子浓度高于 10000 个 / 立方厘米时，人体具有自然痊愈力，并对精神抑郁类疾病有一定的治疗作用（马璨，2016）。

提供空气负离子量最高的 3 个地级市为吕梁市、临汾市和长治市，分别为 407.50×10^{22} 个 / 年、344.17×10^{22} 个 / 年和 256.54×10^{22} 个 / 年，占全省总量的 51.63%；最低的 3 个地级市为大同市、阳泉市和朔州市，分别为 72.98×10^{22} 个 / 年、62.2×10^{22} 个 / 年和 54.18×10^{22} 个 / 年，仅占全省总量的 9.7%（图 3-16）。长治市单位面积空气负离子量最高，为 5895×10^{15} 个 / 公顷，晋城市、临汾市、吕梁市和运城市提供负离子能力相当，含量范围为 $4800 \times 10^{15} \sim 5000 \times 10^{15}$ 个 / 公顷，大同市、晋中市、朔州市和忻州市提供负离子能力较低，含量范围为 $2000 \times 10^{15} \sim 2400 \times 10^{15}$ 个 / 公顷。

图例
单位：10^{22}个/年
<6.22
6.22~8.35
8.35~18.25
18.25~25.65
>25.65

图 3-16   山西省各地级市森林生态系统产生负离子量分布

吸收二氧化硫：大气中的二氧化硫经氧化反应而成硫酸雾或硫酸盐气溶胶，是环境酸化的重要前驱物。气态二氧化硫浓度在 0.5ppm 以上对人体已有潜在影响；在 1~3ppm 时多数人开始感到刺激；在 400~500ppm 时人会出现溃疡和肺水肿直至窒息死亡。然而，硫元素是树木体内氨基酸的组成成分，也是树木所需的营养元素之一，所以树木中都含有定量的硫，在正常情况下树体中的含量为干重的 1%~3%，当空气被二氧化硫污染时，树木体内的硫含量为正常含量的 5~ 10 倍 (李晓阁，2005)。

吸收二氧化硫量最高的 3 个地级市为吕梁市、忻州市和临汾市，分别为 9218.33 万千克 / 年、8599.91 万千克 / 年和 8472.36 万千克 / 年，占全省总量的 44.8%；最低的 3 个地级市为太原市、阳泉市和朔州市，均不超过 2700 万千克 / 年，仅占全省总量的 12.07%（图 3-17）。单位面积吸收二氧化硫量最高的 3 个地级市为阳泉市、长治市和晋城市，年吸收量均大于 133 万千克 / 公顷，朔州市最小，不足 100 万千克 / 公顷。

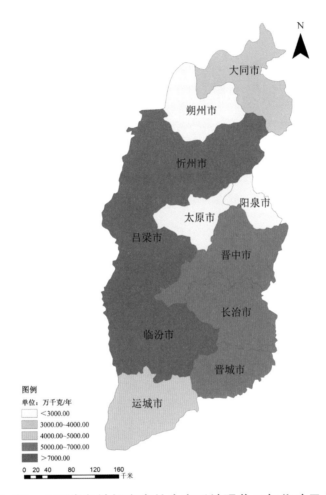

图 3-17　山西省各地级市森林生态系统吸收二氧化硫量分布

吸收氟化物：氟化物指含负价氟的有机或无机化合物，包括氟化氢、金属氟化物、非金属氟化物等，也包括有机氟化物。经呼吸道吸入高浓度气态含氟气体，刺激鼻和上呼吸道，引起黏膜溃疡和上呼吸道炎症，重者可引起化学性肺炎、肺水肿和反应性窒息。正在伸展的幼嫩叶最易受氟危害，氟化物对花粉管伸长有抑制作用，影响植物生长发育。

吸收氟化物量最高的 3 个地级市为吕梁市、忻州市和临汾市，分别为 298.22 万千克 / 年、272.76 万千克 / 年和 236.07 万千克 / 年，占全省总量的 45.98%；最低的 3 个地级市为朔州市、太原市和阳泉市，均不超过 100 万千克 / 年，仅占全省总量的 12.75%（图 3-18）。单位面积吸收氟化物量最高的地级市为朔州市和运城市，年吸收量均大于 4 万千克 / 公顷，长治市最

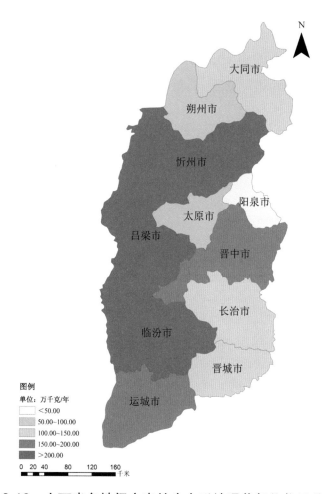

图 3-18　山西省各地级市森林生态系统吸收氟化物量分布

小，仅 2.6 万千克 / 公顷。

　　吸收氮氧化物：氮氧化物包括多种化合物，如一氧化二氮 (N_2O)、一氧化氮（NO）、二氧化氮（NO_2）等。氮氧化物具有不同程度的毒性，会破坏人体的中枢神经，长期吸入会引起脑性麻痹、手脚萎缩等，大量吸入时会引发中枢神经麻痹、记忆丧失、四肢瘫痪，甚至死亡等后果。以一氧化氮和二氧化氮为主的氮氧化物是形成光化学烟雾和酸雨的一个重要原因。在国家"十三五"生态环境保护规划中，氮氧化物将成为继二氧化硫之后实行总量控制的污染物。

　　吸收氮氧化物量最高的 3 个地级市为吕梁市、忻州市和临汾市，分别为 488.71 万千克 / 年、435.06 万千克 / 年和 427.92 万千克 / 年，占全省总量的 46.20%；最低的为阳泉市，仅 94.63 万千克 / 年，仅占全省总量的 3.23% (图 3-19)。单位面积吸收氮氧化物量各地级市差异较小，约为 6 万千克 / 公顷。

　　森林的滞尘作用表现为：一方面由于森林茂密的林冠结构，可以起到降低风速的作用。

图 3-19　山西省各地级市森林生态系统吸收氮氧化物量分布

随着风速的降低，空气中携带的大量空气颗粒物会加速沉降；另一方面，由于植物的蒸腾作用，树冠周围和森林表面保持较大湿度，使空气颗粒物较容易降落吸附。最重要的还是因为树体蒙尘之后，经过降水的淋洗滴落作用，使得植物又恢复了滞尘能力，污染空气经过森林反复洗涤过程后，便变成清洁的空气 (阿丽亚·拜都热拉，2015)。树木的叶面积指数很大，森林叶面积的总和为其占地面积的数十倍，因此使其具有较强的吸附滞纳颗粒物的能力。另外。植被对空气颗粒物有吸附滞纳、过滤的功能，其吸附滞纳能力随植被种类、地区、面积大小、风速等环境因素不同而异，能力大小可相差十几倍到几十倍。因此，山西省应该充分发挥森林生态系统治污减霾的作用，调减城区尤其是城区内空气中颗粒物含量 (尤其是 $PM_{2.5}$)，有效地遏制雾霾天气的发生。另外，山西省西部山区的森林生态系统吸附滞纳颗粒物能力较强，有效地消减了空气中颗粒物含量，维护了良好的空气环境，提高了区域内森林旅游资源的质量。滞尘量最高的 3 个地级市为吕梁市、临汾市和忻州市，分别为 1392.79 万吨 / 年、1272.32 万吨 / 年和 1182.07 万吨 / 年，占全省总量的 44.28%；最低的为朔州市，不足 300 万吨 / 年，仅占全省总量的 3.23%（图 3-20 至图 3-22）。单位面积年滞尘量最高的 3 个地级市为晋城市、阳泉市和长治市，分别为 21.78 吨 / 公顷、21.61 吨 / 公顷和 21.06 吨 / 公顷，最低为朔州市，12.29 吨 / 公顷。

据《山西省 2016 年环境状况公报》显示：2016 年，全省环境空气中二氧化硫、二氧化氮、可吸入颗粒物、细颗粒物年均浓度分别为 61 微克 / 立方米、34 微克 / 立方米、98 微克 / 立方米和 56 微克 / 立方米。与 2014 年相比，全省二氧化硫、二氧化氮、可吸入颗粒物、细颗粒物年均浓度分别下降 6.2%、2.9%、14.0% 和 12.5%。山西省森林生态系统对维护山西省空气环境安全起到了非常重要的作用。由此还可以增加当地居民的旅游收入，进一步调整城区内的经济发展模式，提高第三产业经济总量，提高人们保护生态环境的意识，形成一种良性的经济循环模式。

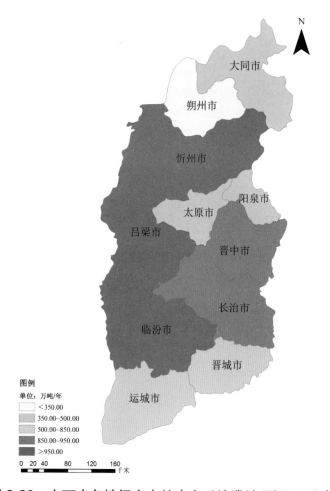

图 3-20　山西省各地级市森林生态系统滞纳 TSP 量分布

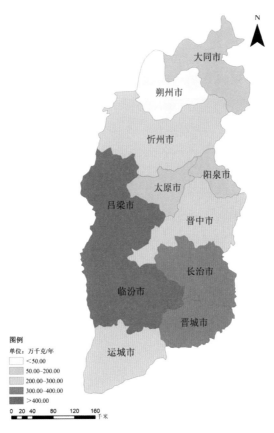

图 3-21　山西省各地级市森林生态系统滞纳 PM$_{10}$ 量分布

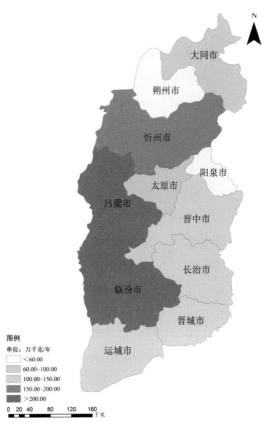

图 3-22　山西省各地级市森林生态系统滞纳 PM$_{2.5}$ 量分布

第三节　山西省森林生态系统服务功能物质量结果分析

从以上评估结果分析中可以看出，山西省森林生态系统各项服务功能物质量的空间分布格局由大到小分别为：吕梁市＞忻州市＞临汾市＞晋中市＞长治市＞运城市＞晋城市＞大同市＞太原市＞朔州市＞阳泉市。究其原因，主要有以下几点：

1. 森林资源结构组成

第一，与森林面积分布直接相关。从各项服务的评估公式中可以看出，森林面积是生态系统服务强弱的最直接影响因子。由表3-2可见，物质量较大的西部三个地级市，林地面积明显大于其他地级市，中部平原盆地，如朔州市、太原市、阳泉市林地面积最小，且东西部山区，人为干扰程度低于平原区，森林资源受到的破坏程度低。中部主要是盆地和平原，为山西省少有的平地区，且经济活动较为活跃，森林资源遭受到了严重的破坏，由于较长时间的农田开垦，使得此区域内森林植被稀少。所以，西部山区森林生态系统服务功能较强，中部平原较小。

第二，与林龄结构有关。森林生态系统服务是在林木生长过程中产生的，林木的高生长会对生态系统服务带来正面的影响（宋庆丰等，2015）。林木生长的快慢反映在净初级生产力上，影响净初级生产力的因素包括林分因子、气候因子、土壤因子和地形因子，它们对净初级生产力的贡献率不同，分别为56.7%、16.5%、2.4%和24.4%。林分因子中，林分年龄对净初级生产力的变化影响较大，中龄林和近熟林有绝对的优势（樊兰英，2017），从山西省森林资源数据中可以看出西部山区中龄林、近熟林的面积分别占各自总面积的比例较高，而中部平原区幼龄林面积比例较高。

林分年龄与其单位面积水源涵养效益呈正相关关系，随着林分年龄的不断增长，这种效益的增长速度逐渐变缓（Zhang，2010），本研究结果证实了以上现象的存在。森林从地上冠层到地下根系都对水土流失有着直接或间接的作用，只有森林对地面的覆盖达到一定程度时，才能起到防止土壤侵蚀的作用。随着植被的不断生长，根系对土壤的缠绕支撑和中联等作用增强，进而增加了土壤抗侵蚀能力。但森林生态系统的保育土壤功能不可能随着森林的持续增长和林分蓄积量的逐渐增加而持续增长。土壤养分随着地表径流的流失与乔木层及其根、冠生物量呈现幂函数变化曲线，其转折点基本在中龄林和近熟林之间。这主要由于森林生产力存在最大值现象，达到一定林龄，其会随着林龄的增长而降低（杨凤萍，2013）。

第三，与森林起源有关。天然林是生物圈中功能最完备的动植物群落，其结构复杂，功能完善，系统稳定性高。人工林和天然林群落结构与物种多样性方面存在着巨大差异，天然林群落层次比人工林复杂，物种多样性比人工林高。人工林由于集约化的经营措施，林分结构良好，林分的生长速度相对快。然而从长远来看，天然林的生产力高于人工林，一方面是天然林具有复杂的树种组成和层次结构；另一方面是因为天然林中树种的基因型丰富，对环境和竞争具有不同的响应（Perry，2010）。山西省森林资源数据可知，全省天然林面积 131.8 万公顷，占比 47.79%。吕梁市和临汾市森林起源中，天然林面积占比分别为 76% 和 62%，而森林生态服务功能物质量较低的朔州市天然林占比仅 4%。因此，山西省森林生态系统服务空间分布格局和天然林有直接关系。

第四，与森林质量有关。由于蓄积量与生物量存在定量关系，则蓄积量可以代表森林质量。有研究表明：生物量的高生长会带动其他森林生态系统服务功能项的增强（谢高地，2003）。生态系统的单位面积生态功能的大小与该生态系统的生物量有密切关系，一般来说，生物量越大，生态系统功能越强 (Fang et al, 2001)。优势树种（组）大量研究结果印证了随着森林蓄积量的增长，涵养水源功能逐渐增强的结论，主要表现在林冠截留、枯落物蓄水、土壤层蓄水和土壤入渗等方面的提升。但是，随着林分蓄积量的增长，林冠结构枯落物厚度和土壤结构将达到相对稳定的状态，此时的涵养水源能力应该也处于一个相对稳定的最高值。森林生态系统涵养水源功能较强时，其固土功能也必然较高，其与林分蓄积量也存在较大的关系。丁增发（2005）研究表明，植被根系的固土能力与林分生物量呈正相关，而且林冠层还能降低降雨对土壤表层的冲刷。生态公益林水土保持生态效益的研究显示，森林质量将影响水土保持效益的各项因子进行了分配权重，其中林分蓄积量的权重值最高（谢婉君，2013；陈文惠，2011）。

第五，与林种结构组成有关。林种结构的组成一定程度反映了某区域在林业规划中所承担的林业建设任务。比如，当某一城区分布着大面积的防护林时，这就说明该地区发展林业建设侧重的是防护功能。当某一特定区域由于地形、地貌等原因，容易发生水土流失时，那么构建的防护林体系一定是水土保持林，主要起到固持水土的功能，当某一特定区域位于大江大河的水源地，或者重要水库的水源地时，那么构建的防护林一定是水源涵养林，主要起水源涵养和调洪蓄洪的功能。由山西省森林资源数据可以得出，山西省的防护林占乔木林总面积的 66.36%，其中水土保持林占防护林的 57.85%，主要分布在西部黄土丘陵区和东部土石山区，这些地区恰是山西省河流或水库的水源地，分布着大量的水源涵养林（梁守伦，2002）。此外，山西省雁北地区是典型的风沙区，其防风固沙林所占比例约为 90%。该区属于京津冀生态屏障圈，且平原农业活动较强，因此需要防风固沙林的保护，所以，由于树种结构组成的不同，导致了大同市森林生态系统服务功能呈现目前的空间格局。

2. 气候因素

在所有的气候因素中，能够对林木生长造成影响的因素为温度和降雨，因为水热条件是限制林分生产力的主要因素 (Nikolev, 2011)。相关研究发现，在湿度和温度均较低时，土壤的呼吸速率会减慢 (Wang R, 2016)。水热条件通过影响林木生长，进而对森林生态系统服务产生影响，在一定范围内，温度越高，林木生长越快，则其生态系统服务也就越强。其

原因主要是：其一，因为温度越高，植物的蒸腾速率也就越大，体内就会积累更多的养分元素，进而增加生物量的积累；其二，温度越高，在充足水分的前提下，蒸腾速率加快，而此时植物叶片气孔处于完全打开的状态，这样就会增强植物的呼吸作用，为光合作用提供充足的二氧化碳，温度通过控制叶片中淀粉的降解和运转，以及糖分与蛋白质之间的转化，进而起到控制叶片光合速率的作用 (Calzadilla，2016)。山西省属于干旱半干旱区，属于温带大陆性季风型气候，多年平均气温为 3~14℃，年均气温从北向南逐渐升高，这对山西省不同优势树种 (组) 的空间分布有一定的影响。

降雨量是山西省森林生产力的主要限制因子（樊兰英，2017），降雨量与森林生态效益呈正相关关系，主要是由于降雨作为参数被用于森林涵养水源的计算，与涵养水源生态效益呈正相关；另一方面，降雨量的大小还会影响生物量的高低，进而影响到固碳释氧功能（牛香，2012；国家林业局，2013）。山西省多年平均降雨量在 400~650 毫米之间，总的分布是南部大于北部（图 2-3），因此南部地级市（晋城市和运城市）的单位面积服务功能物质量均高于北部地级市。

3. 区域性要素

山西省位于黄河中游的黄土高原之上，境内山峦起伏，沟壑纵横，丘陵、盆地布满其间，山地、高原相连，每个区域各有特点，东西部土石山区，森林植被相对丰富，是山西省重要的森林覆盖区。此区域林木生长较高，自然植被保护相对较好，生物多样性较为丰富，同时也是水土流失重点治理区。这些区域以山地和丘陵为主，雨量适中，为林木生长提供了良好的生长环境。此外，山区交通不便，森林生态系统受到人为影响较少。中部的太原、阳泉、大同等区域是山西省经济最活跃的区域，区域内人为活动频繁，生态环境脆弱，农田和森林生态系统相互交错，林地生产力不高，单位面积蓄积量和生长量比较低。由于以上区域因素对林木的生长产生了影响，进而影响到了森林生态系统服务。

山西省南部地级市林分质量相对较高（长治市、晋城市、运城市），土壤中的有机质含量较高，在固持相同土壤量的情况下，能够避免更多的土壤养分流失。这些地级市较其他地区物种多样性相对丰富，土壤覆盖度和固持度较高，保育土壤功能高于林种类型单一的人工林。并且南部低山丘陵区涵养水源能力较强，减弱了地表径流的形成，减少了对土壤的冲刷。总的来说，山西省森林生态系统服务功能物质量的空间分布格局，主要受到森林资源组成结构、气候要素和区域性要素的影响。这些原因均是对森林生态系统净初级生产力产生作用的前提下继而影响了森林生态系统服务的强弱。

第四节 山西省不同优势树种（组）生态系统服务功能物质量评估结果

在测算过程中，按山西省森林资源现状共划分了灌木林、经济林和乔木林优势树种组。根据山西省森林资源二类调查数据可知，不同优势树种组在山西省不同地级市的分布有差异。为了统计和研究方便，本研究将乔木林部分优势树种组进行了合并处理，乔木林分为13个优势树种（组），分别为云杉、落叶松、油松、柏木、栎类、桦木及山杨类、硬阔类、杨树及软阔类、槐类、针叶混交林、阔叶混交林、针阔混交林和竹林。

本研究根据森林生态系统服务功能评估公式，并基于山西省森林资源数据，计算了不同树种组服务的物质量，各树种组的生态系统服务物质量按照林业行业标准《森林生态系统服务功能评估规范》(LY/T 1721—2008) 测算得出，结果见表3-4。

一、涵养水源

调节水量最高的树种（组）为乔木林，占总量的近一半，灌木林其次，经济林调节水量最低，仅占9.8%。乔木林中调节水量总量最高的3种优势树种（组）为油松、针阔混交林和栎类，分别为17.39亿立方米/年、6.82亿立方米/年和5.96亿立方米/年，占乔木林总量的60.53%，最低的3种优势树种（组）为云杉、硬阔类和竹林，分别为0.42亿立方米/年、0.15亿立方米/年、0.0003亿立方米/年，仅占乔木林总量的1.13%（图3-23、图3-24）。

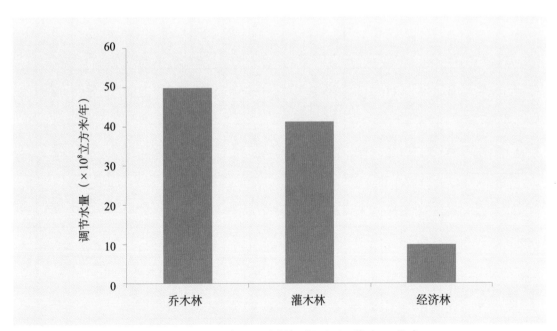

图 3-23　山西省不同树种（组）调节水量分布

表 3-4　山西省主要优势树种组生态系统服务功能物质量

类别	指标	云杉	落叶松	油松	柏木	栎类	桦木及山杨类	硬阔类	杨树及软阔类	椴类	针叶混交林	阔叶混交林	针阔混交林	竹林	灌木林	经济林
涵养水源	调节水量（立方米/年）	41742733.9	3040908701.6	1738661561.7	204100001.8	596489587.5	209554743.6	1456639.0	3838225855.9	301731259.0	1131146758.0	394215526.9	682189117.0	28662.0	4127035255.2	990632031.6
保育土壤	固土（吨/年）	2911453.6	2438143.6	1234489773	15360246.9	47798685.8	16156271.4	954829.9	29015838.5	21854719.9	9129770.6	28698557.6	46193614.9	2441.9	28320408.8	7423051.76
	土壤N（吨/年）	31443.7	263003.9	215437.5	17561.8	55031.8	84007.7	12318.1	13062.8	41024.7	87946.5	414211.9	445873.3	22.2	807207.0	218009.6
	土壤P（吨/年）	2620.3	21943.3	43824.4	12288.2	224653.8	54931.3	4487.7	101555.4	24040.2	4564.9	39317.0	23096.8	5.1	109316.9	28653.0
	土壤K（吨/年）	82979.8	484437.3	344228.8	376326.4	1466565.0	432573.2	25411.8	1060882.3	407239.8	68035.2	388663.9	1045764.2	33.0	8614025.0	1803801.6
	土壤有机质（吨/年）	42876.7	408010.3	2506645.1	60954.3	207119.5	377277.7	11025.9	295831.8	376602.4	201740.9	832099.6	1241789.5	1.2	3793380.1	1670398.3
固碳释氧	固碳（吨/年）	18494.1	256641.9	1510169.5	137940.9	856784.4	292384.2	15823.5	432757.3	346660.8	130351.7	458596.8	688808.0	30.1	1818959.8	664217.4
	释氧（吨/年）	39225.4	601793.5	3609863.6	315802.4	2127497.9	726569.9	38987.6	1057480.2	854063.0	317995.2	1129842.6	1676348.4	72.0	3880737.1	1513420.7
林木积累营养物质	林木N（吨/年）	1042.0	13029.8	37661.8	7296.5	28783.8	5006.6	224.2	6492.1	4395.3	3803.5	12359.3	36699.7	0.5	33966.4	29607.3
	林木P（吨/年）	179.6	2227.5	11267.7	1212.2	13766.2	3907.6	114.3	2885.1	2367.4	938.4	3164.1	4767.7	0.2	9768.7	3878.0
	林木K（吨/年）	191.5	3099.8	22715.7	2711.4	8223.9	2747.5	118.1	3511.2	3012.3	1174.8	5727.5	8282.9	0.7	11077.6	6624.9
净化大气环境	提供负离子（×10^{15}个/年）	10940432.1	695799203	5569724587	254623269	3311446958	877558061.7	31233800.2	861218931.7	616328257.6	324581498.6	1369255644	2001084490	315867	2135637954.3	13679846090.0
	吸收二氧化硫（千克/年）	4338570.2	36145667.7	183573447.9	22671036	28974343.0	9792740.0	588103.2	17616362.2	12990709.8	5398743.3	17061132.2	29227053.1	1507.1	172248229.0	46148850.5
	吸收氟化物（千克/年）	10801.6	83825.8	425726.9	52576.6	1503462.8	508139.9	30516.4	914103.4	674080.8	166784.4	894915.6	1027957.7	78.2	8943055.3	2317393.4
	吸收氮氧化物（千克/年）	121334.3	1005909.1	5108723.0	630919.4	1961038.4	662791.2	39803.9	1192308.8	879235.9	365397.2	1154729.8	1978142.3	102.0	11664854.8	2493467.2
	滞尘 滞纳TSP（吨/年）	671064.4	5564239.6	28255868.0	3490033.7	10844274.6	3663540.6	99012.8	2008507.7	1480763.7	614795.1	1944731.5	3328115.2	171.7	19648144.2	5261953.6
	滞纳PM$_{10}$（千克/年）	257647.9	1446688.0	10016488.8	839590.8	4596801.7	1294716.8	28656.5	418906.4	581093.7	726381.0	823473.3	4083263.3	141.0	1288703.52	831460.2
	滞纳PM$_{2.5}$（千克/年）	61295.3	344171.7	2382958.2	213931.4	2208014.3	641679.8	5731.3	113671.0	167623.2	172808.4	164694.7	971421.3	78.2	5140362.2	214164.0

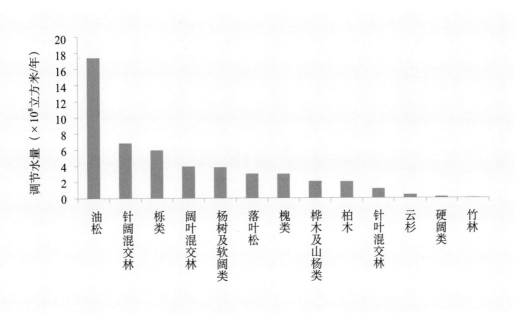

图3-24　山西省乔木林优势树种（组）调节水量分布

二、保育土壤

山西省不同树种（组）固土量最高的为乔木林，36590.44万吨/年，占总固土量的50.59%；灌木林为28320.44万吨/年，占总固土量的39.15%，经济林为7423.05万吨/年，占总固土量的10.26%（图3-25）。乔木林中固土量最高的3种优势树种（组）为油松林、栎类和针阔混交林，分别为12344.9万吨/年、4779.87万吨/年和4619.36万吨/年，占全省乔木林固土总量的30.06%，最低的3种优势树种（组）为云杉、硬阔类和竹林，分别为291.15万吨/年、95.48万吨/年和0.24万吨/年，占全省乔木林固土总量的1.06%（图3-26）。

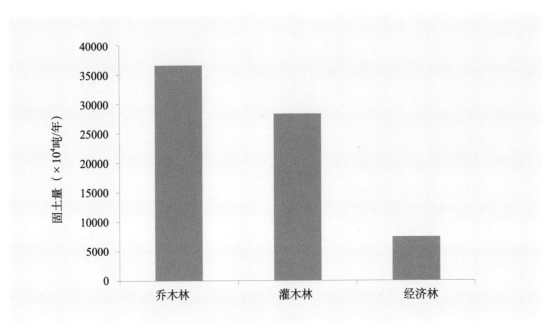

图3-25　山西省不同树种（组）固土量分布

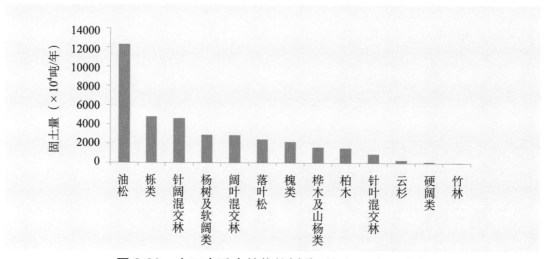

图 3-26 山西省乔木林优势树种（组）固土量分布

山西省是典型的黄土高原，土壤侵蚀与水土流失长期以来是人们共同关注的生态环境问题，不仅导致表层土壤随地表径流流失，切割蚕食地表，而且径流携带的泥沙又会淤积阻塞江河湖泊，抬高河床，增加洪涝隐患，因此，油松林和栎类固土功能的作用体现在防治山区水土流失方面，对于维护黄河流域和海河流域的生态安全意义重大，为流域周围地区社会经济发展提供了重要保障，也为生态效益科学化补偿提供了技术支撑。另外，油松林、经济林和栎类的固土功能还最大限度提高了水库的使用寿命，保障了山西省的用水安全。

土壤侵蚀特别是加速侵蚀造成肥沃的表层土壤大量流失，使土壤理化性质和生物学特性发生相应的退化，导致土壤肥力与生产力的降低。固定土壤氮素量最高的是乔木林，显著高于灌木林和经济林，占总量的70.63%，灌木林和经济林的固定土壤氮素量分别为80.72万吨/年和21.80万吨/年（图3-27、图3-28）。

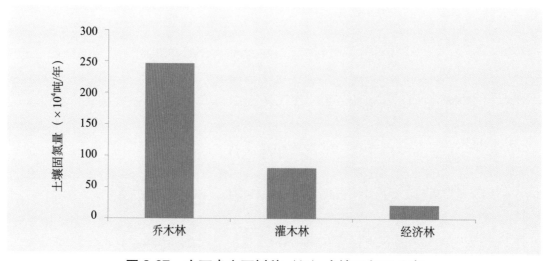

图 3-27 山西省主要树种（组）土壤固氮量分布

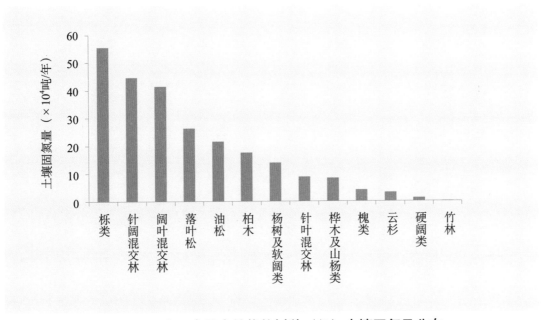

图 3-28　山西省乔木林优势树种（组）土壤固氮量分布

固定土壤磷素最高的是乔木林，显著高于灌木林和经济林，占总量的 80.16%，灌木林和经济林固定土壤磷素总量分别为 10.93 万吨 / 年和 2.87 万吨 / 年（图 3-29）。乔木林中固定土壤磷素总量最高的 3 种树种（组）为栎类、杨树及软阔类和桦木及山杨类，分别为 22.47 万吨 / 年、10.16 万吨 / 年和 5.49 万吨 / 年，占全省优势树种（组）总量的 54.82%；最低的 3 种树种（组）为硬阔类、云杉和竹林，分别为 0.45 万吨 / 年、0.26 万吨 / 年和 0.0005 万吨 / 年，仅占全省总量的 1.02%（图 3-30）。

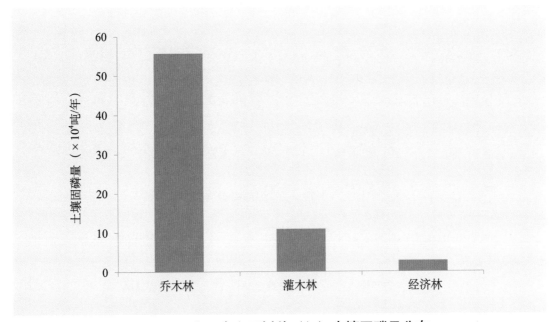

图 3-29　山西省主要树种（组）土壤固磷量分布

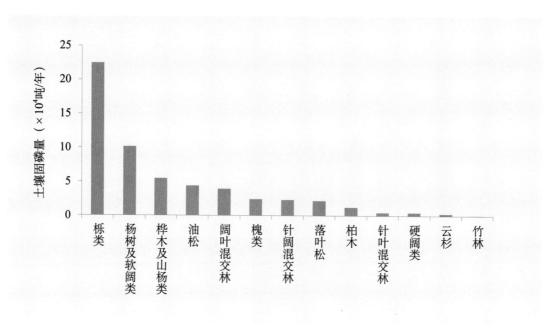

图 3-30　山西省乔木林优势树种（组）土壤固磷量分布

固定土壤钾素最高的为灌木林，固定土壤钾素总量为 861.40 万吨 / 年，占全省固定钾总量的 51.88%，是重要的"钾库"；其次为乔木林 618.51 万吨 / 年，比例为 37.26%，经济林为 180.38 万吨 / 年，占比 10.86%（图 3-31）。固定土壤钾素总量最高的 3 种树种（组）为栎类、杨树及软阔类和针阔混交林，分别为 146.66 万吨 / 年、106.09 万吨 / 年和 104.58 万吨 / 年，占全省优势树种总量的 21.52%；最低的 3 种树种（组）为针叶混交林、硬阔类和竹林，分别为 6.80 万吨 / 年、2.54 万吨 / 年和 0.003 万吨 / 年，仅占全省总量的 0.56%（图 3-32）。

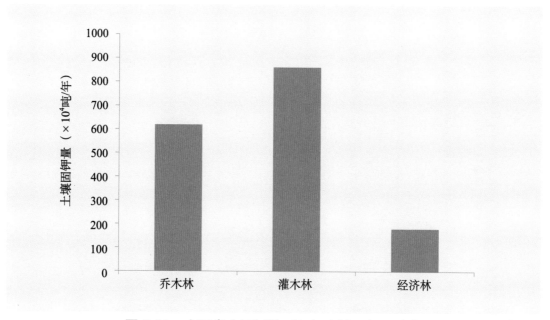

图 3-31　山西省主要树种（组）土壤固钾量分布

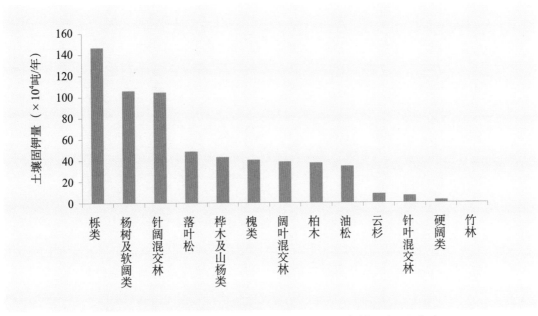

图 3-32 山西省乔木林优势树种（组）土壤固钾量分布

固定土壤有机质含量最高的为乔木林，占总量的 54.57%，其次为灌木林和经济林（图 3-33）。乔木林中固定土壤有机质总量最高的 3 种树种（组）为油松、针阔混交林和阔叶混交林，分别 250.66 万吨 / 年、124.18 万吨 / 年和 83.21 万吨 / 年，占全省优势树种总量的 38.09%；最低的 3 种树种（组）为云杉、硬阔类和竹林，分别为 4.29 万吨 / 年、1.10 万吨 / 年和 0.0001 万吨 / 年，仅占全省总量的 0.45%(图 3-34)。灌木林和经济林固定土壤有机质总量分别为 379.34 万吨 / 年和 167.04 万吨 / 年。

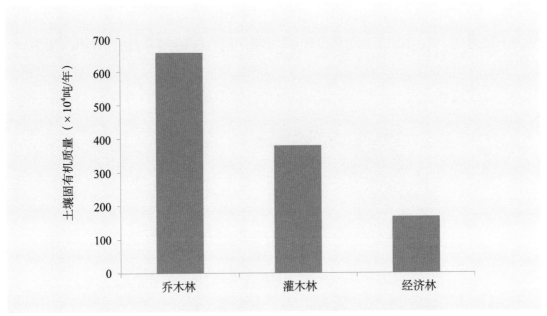

图 3-33 山西省主要树种（组）土壤固定有机质量分布

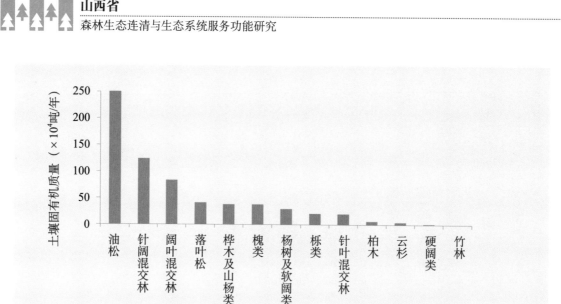

图 3-34　山西省乔木林优势树种（组）土壤固定有机质量分布

伴随着土壤侵蚀，大量的土壤养分也随之被带走，且进入水库或者湿地，极有可能引发水体的富营养化，导致更为严重的生态灾难；同时，由于土壤侵蚀所带来的土壤贫瘠化，会使人们加大肥料使用量，继而带来严重的面源污染，使其进入一种恶性循环，所以，森林生态系统的保育土壤功能对于保障生态环境安全具有非常重要的作用。

三、固碳释氧

固碳量中乔木林固碳能力远高于灌木林和经济林，占总量的 67.45%，灌木林的固碳量为 181.90 万吨 / 年，经济林为 66.42 万吨 / 年（图 3-35）。乔木林中固碳量最高的 3 种优势树种（组）为油松、栎类和针阔混交林，分别为 151.02 万吨 / 年、85.68 万吨 / 年和 68.88 万吨 / 年，占全省固碳总量的 40.06%；最低的 3 种优势树种（组）为云杉、硬阔类和竹林，分别为 1.85 万吨 / 年、1.58 万吨 / 年和 0.003 万吨 / 年，仅占全省总量的 0.45%（图 3-36）。

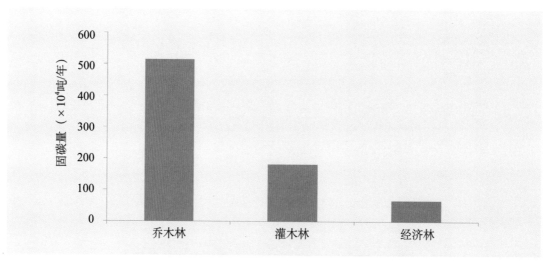

图 3-35　山西省主要树种（组）固碳量分布

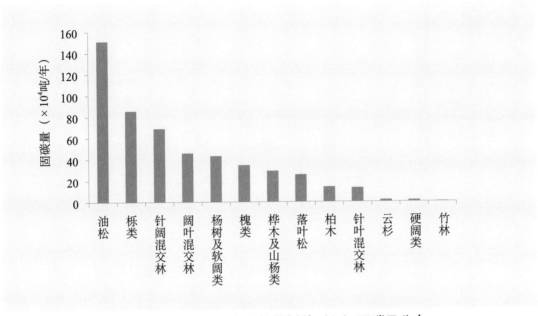

图 3-36 山西省乔木林优势树种（组）固碳量分布

释氧量中乔木林显著高于灌木林和经济林，占总释氧量的 69.85%，灌木林和经济林分别为 388.07 万吨 / 年和 151.34 万吨 / 年，占释氧总量的 30.05%（图 3-37）。乔木林中释氧量最高的 3 种树种（组）为油松、栎类和针阔混交林，分别为 360.99 万吨 / 年、212.75 万吨 / 年和 167.63 万吨/年，占全省释氧总量的 41.44%，最低的 3 种优势树种(组)为云杉、硬阔类和竹林，分别为 3.92 万吨 / 年、3.90 万吨 / 年和 0.007 万吨 / 年，仅占全省释氧总量的 0.44%（图 3-38）。

从以上分析可以得出，灌木林在固碳释氧方面具有较突出的优势，主要和灌木林面积

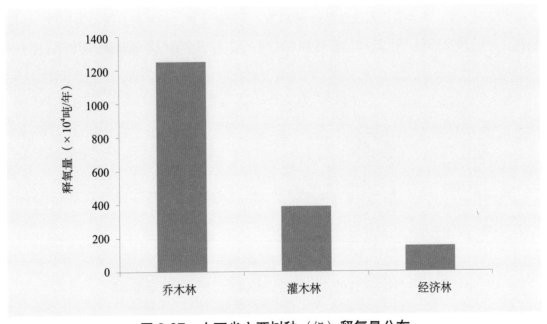

图 3-37 山西省主要树种（组）释氧量分布

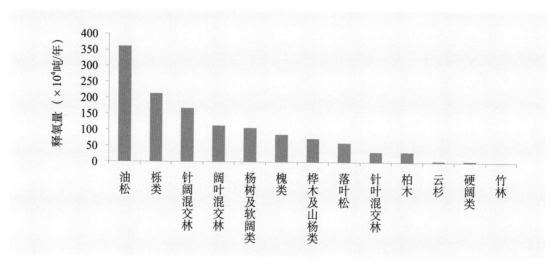

图 3-38　山西省乔木林优势树种（组）释氧量分布

有关，山西省主要灌木柠条、沙棘等，都是重要的固碳树种，因此灌木林在固碳释氧方面具有较大的潜力，可以为山西省内生态效益科学化补偿以及跨区域的生态效益科学化补偿提供基础数据。由评估结果可以看出，在山西省可以利用以上 3 种优势树种（组）作为造林绿化树种，可以最大限度地发挥其固碳功能，有力地调节空气中二氧化碳浓度。

四、林木积累营养物质

乔木林积累氮素显著高于灌木林和经济林，占积累氮总量的 71.15%，灌木林和经济林林木积累氮素总量分别为 33966.44 吨 / 年和 29607.32 吨 / 年（图 3-39）。乔木林中林木积累氮素总量最高的 3 种树种（组）为油松林、针阔混交林和栎类，分别为 37661.83 吨 / 年、36699.72 吨 / 年和 28783.81 吨 / 年，占全省积累氮总量的 46.81%；最低的 3 种优势树种（组）为云杉、硬阔类和竹林，分别 1042.10 吨 / 年、224.23 吨 / 年和 0.51 吨 / 年，仅占全省积累氮总量的 0.01%（图 3-40）。

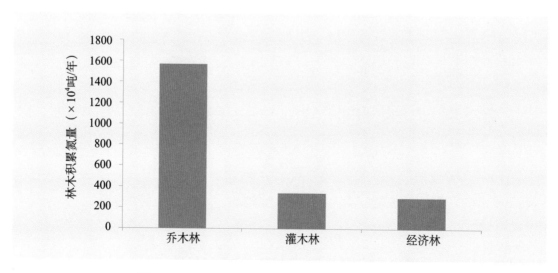

图 3-39　山西省主要树种（组）积累氮量分布

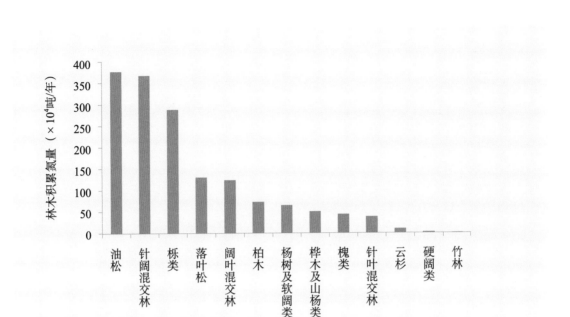

图 3-40　山西省乔木林优势树种（组）积累氮量分布

　　林木积累磷素最高为乔木林，占积累磷总量的 77.42%，灌木林和经济林林木积累磷素总量分别为 9768.71 吨 / 年和 3878.02 吨 / 年（图 3-41）。林木积累磷素总量最高的 3 种树种（组）为栎类、油松林和针阔混交林，分别为 13766.21 吨 / 年、11267.72 吨 / 年和 4767.73 吨 / 年，占全省积累磷总量的 49.30%；最低的 3 种优势树种（组）为云杉、硬阔类和竹林，分别 179.62 吨 / 年、114.32 吨 / 年和 0.21 吨 / 年，仅占全省积累磷总量的 0.01%（图 3-42）。

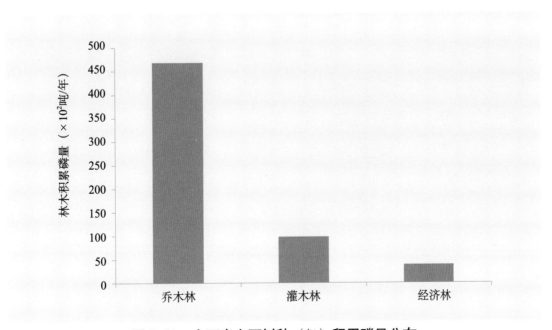

图 3-41　山西省主要树种（组）积累磷量分布

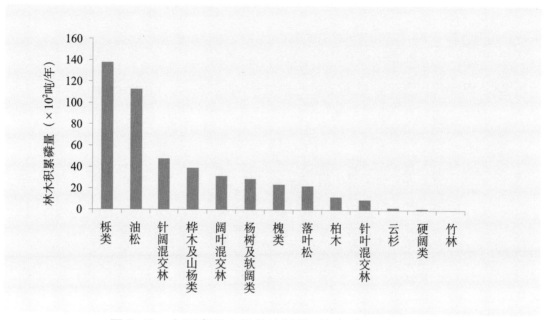

图 3-42　山西省乔木林优势树种（组）积累磷量分布

　　林木积累钾素量最大的为乔木林，占积累钾总量的 77.65%，灌木林和经济林林木积累钾素总量分别为 11077.61 吨/年和 6624.92 吨/年（图 3-43）。乔木林中林木积累钾素总量最高的 3 种树种（组）为油松林、针阔混交林和栎类，分别为 22715.71 吨/年、8282.93 吨/年和 8223.91 吨/年，占全省积累钾总量的 49.51%；最低的 3 种优势树种（组）为云杉、硬阔类和竹林，分别 191.50 吨/年、118.12 吨/年和 0.73 吨/年，仅占全省积累钾总量的 0.02%（图 3-44）。

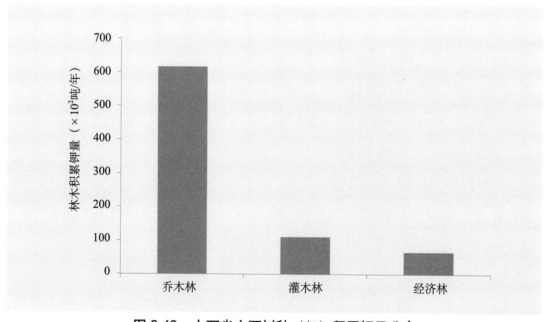

图 3-43　山西省主要树种（组）积累钾量分布

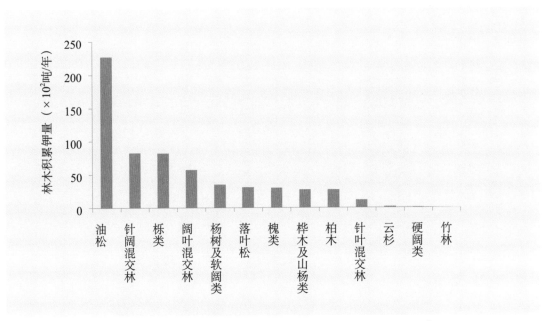

图 3-44　山西省乔木林优势树种（组）积累钾量分布

林木在生长过程中不断从周围环境吸收营养物质，固定在植物体中，成为全球生物化学循环不可缺少的环节。林木积累营养物质服务功能首先是维持自身生态系统的养分平衡，其次是为人类提供生态系统服务。林木积累营养物质功能与固土保肥中的保肥功能，无论从机理、空间部位，还是计算方法上都有本质区别。前者属于生物地球化学循环的范围，而保肥功能是从水土保持的角度考虑，即如果没有这片森林，每年水土流失中也将包含一定量的营养物质，属于物理过程。灌木林和油松林主要分布在山西省西部和东部山区。从林木积累营养物质的过程可以看出，两个山区森林生态系统可以一定程度上减少因为水土流失而带来的养分损失，在其生命周期内，使得固定在体内的养分元素再次进入生物地球化学循环，极大地降低可能带来污染水体的可能性。

五、净化大气环境

提供负离子：乔木林提供负离子量最高，占提供负离子总量的 82.06%，灌木林和经济林提供负离子量分别为 213.56×10^{22} 个 / 年和 136.80×10^{22} 个 / 年（图 3-45）。乔木林中提供负离子量最高的 3 种树种（组）为油松林、栎类和针阔混交林，分别为 556.97×10^{22} 个 / 年、331.14×10^{22} 个 / 年和 200.10×10^{22} 个 / 年，占全省提供负离子总量的 56.42%；最低的 3 种优势树种（组）为云杉、硬阔类和竹林，分别为 10.94×10^{22} 个 / 年、3.12×10^{22} 个 / 年和 0.03×10^{22} 个 / 年，仅占全省提供负离子总量的 0.72%（图 3-46）。

空气负离子是一种重要的无形旅游资源，具有杀菌、降尘、清洁空气的功效，被誉为"空气维生素与生长素"，对人体健康十分有益。随着森林生态旅游的兴起及人们保健意识

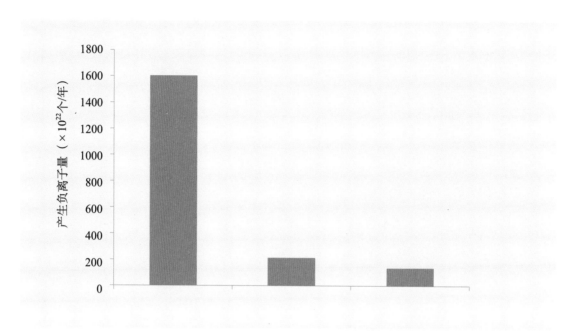

图 3-45　山西省主要树种（组）提供负离子量分布

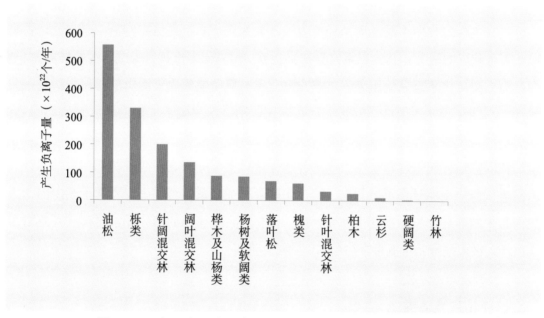

图 3-46　山西省乔木林优势树种（组）提供负离子量分布

的增强，空气负离子作为一种重要的森林旅游资源已越来越受到人们的重视。所以，油松林、栎类和灌木林所产生的空气负离子，对于山西省旅游区的旅游资源质量具有很大的贡献。

吸收二氧化硫：吸收二氧化硫量最高的是乔木林，占吸收二氧化硫总量的 62.77%，灌木林和经济林的吸收量较高，分别为 17234.82 万千克 / 年和 4614.89 万千克 / 年（图 3-47）。乔木林中吸收二氧化硫量最高的树种（组）为油松，为 18357.34 万千克 / 年，显著高于其他树种组，占全省吸收二氧化硫总量的31.28%，其他树种组最高为落叶松，仅3614.57万千克/年；最低的3种优势树种（组）为云杉、硬阔类和竹林，分别为433.86万千克/年、58.81万千克/年和0.15万千克/年，仅占全省吸收二氧化硫总量的0.84%。(图3-48)。

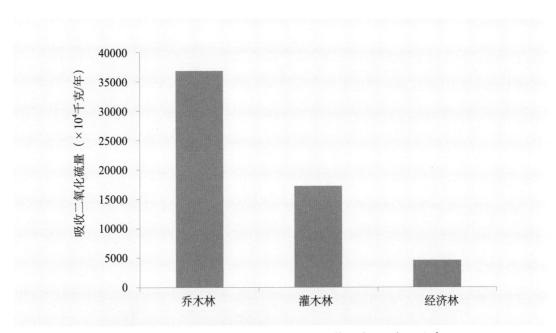

图3-47　山西省主要树种（组）**吸收二氧化硫量分布**

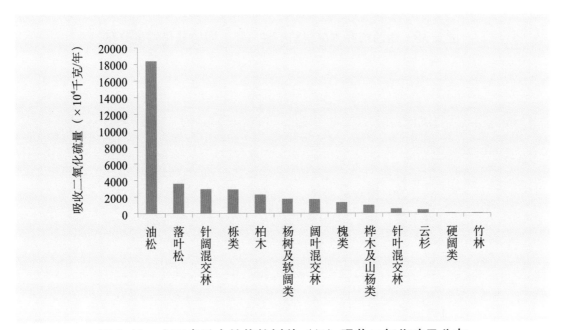

图3-48　山西省乔木林优势树种（组）**吸收二氧化硫量分布**

　　吸收氟化物：吸收氟化物量最高的是灌木林占全省吸收氟化物总量的 50.95%，贡献率超过一半，乔木林为 629.29 万千克 / 年，经济林为 231.74 万千克 / 年（图 3-49）。乔木林中吸收氟化物量最高的 3 种优势树种（组）为和栎类、针阔混交林和杨树及软阔类，分别为 150.35 万千克 / 年、102.79 万千克 / 年和 91.41 万千克 / 年，占全省吸收氟化物总量的 19.63%；最低的 3 种优势树种（组）为硬阔类、云杉和竹林，分别为 3.05 万千克 / 年、1.08 万千克 / 年和 0.008 万千克 / 年，仅占全省吸收氟化物总量的 0.23%（图 3-50）。

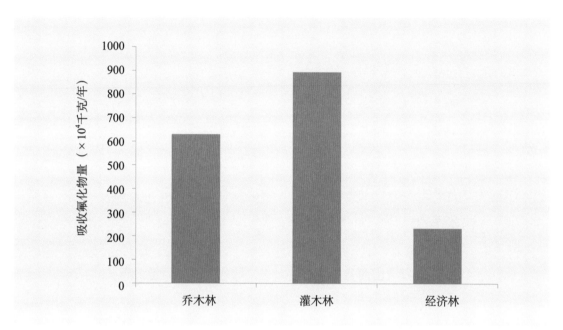

图 3-49　山西省乔木林优势树种（组）吸收氟化物量分布

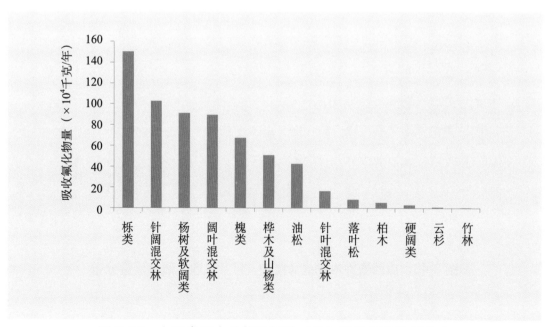

图 3-50　山西省乔木林优势树种（组）吸收氟化物量分布

吸收氮氧化物：吸收氮氧化物量乔木林最高，占全省吸收氮氧化物总量的51.61%，灌木林吸收氮氧化物量占39.89%，经济林最低，仅249.35万千克/年（图3-51）。乔木林中吸收氮氧化物量最高的3种优势树种（组）为油松林、针阔混交林和栎类，分别为510.87万千克/年、197.81万千克/年和196.10万千克/年，占全省吸收氮氧化物总量的30.92%；最低的3种优势树种（组）为云杉、硬阔类和竹林，分别为12.13万千克/年、3.98万千克/年和0.01万千克/年，仅占全省吸收氮氧化物总量的0.55%（图3-52）。

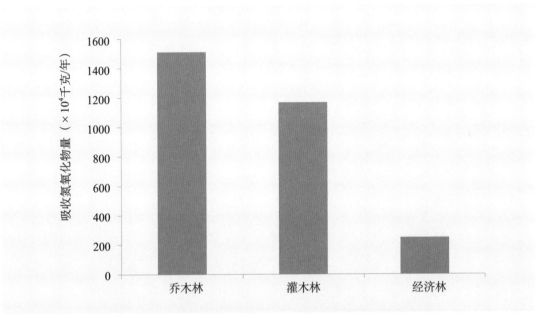

图 3-51　山西省主要树种（组）吸收氮氧化物量分布

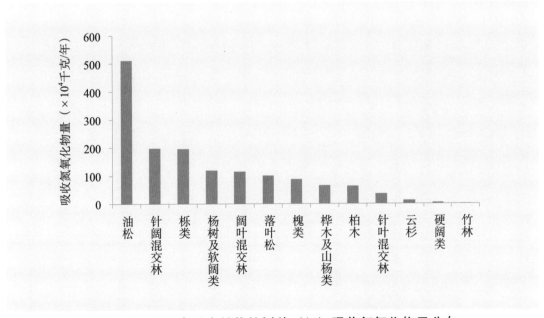

图 3-52　山西省乔木林优势树种（组）吸收氮氧化物量分布

　　滞纳 TSP：滞纳 TSP 量最高的为乔木林，占滞纳 TSP 总量的 71.33%，灌木林和经济林滞纳 TSP 量分别为 196.48 亿千克／年和 52.62 亿千克／年（图 3-53）。乔木林中滞纳 TSP 量最高的 3 种优势树种（组）为油松、栎类和落叶松，分别为 282.56 亿千克／年、108.44 亿千克／年和 55.64 亿千克／年，占全省滞纳 TSP 总量的 51.41%，可见油松对山西省滞纳 TSP 贡献最大；最低的 3 种优势树种（组）为针叶混交林、硬阔类和竹林，分别为 6.15 亿千克／年、0.99亿千克／年和 0.002 亿千克／年，仅占全省滞纳 TSP 总量的 0.82%（图 3-54）。

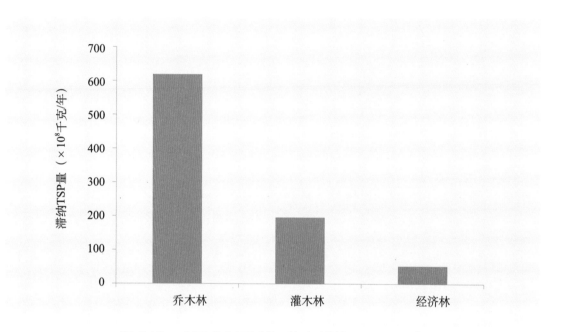

图 3-53　山西省主要树种（组）滞纳 TSP 量分布

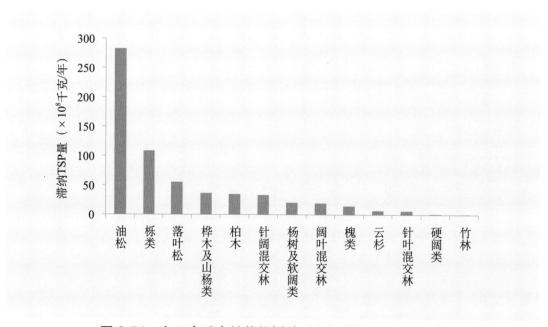

图 3-54　山西省乔木林优势树种（组）滞纳 TSP 量分布

滞纳 PM_{10} ：乔木林在滞纳 PM_{10} 量上占绝对优势，占全省滞纳 PM_{10} 总量的 92.22%，灌木林和经济林滞纳 PM_{10} 量仅为 128.87 万千克 / 年和 83.15 万千克 / 年（图 3-55）。乔木林中滞纳 PM_{10} 量最高的 3 种优势树种（组）为油松、栎类和针阔混交林，分别为 1001.65 万千克 / 年、459.68 万千克 / 年和 408.33 万千克 / 年，占全省滞纳 PM_{10} 总量的 68.19% ；最低的 3 种优势树种（组）为云杉、硬阔类和竹林，分别为 25.76 万千克 / 年、2.87 万千克 / 年和 0.01 万千克 / 年，仅占全省滞纳 PM_{10} 总量的 1.04%（图 3-56）。

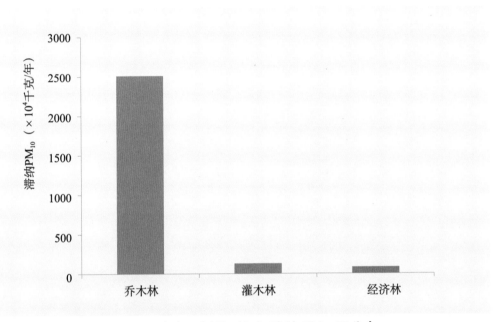

图 3-55　山西省主要树种（组）滞纳 PM_{10} 量分布

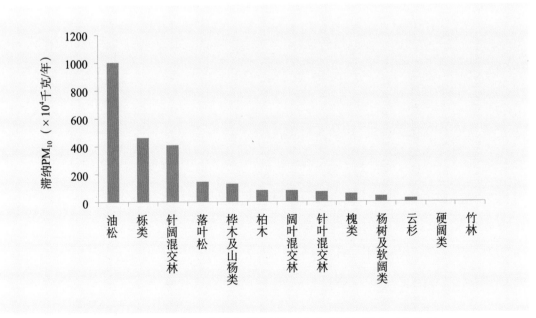

图 3-56　山西省乔木林优势树种（组）滞纳 PM_{10} 量分布

滞纳 $PM_{2.5}$：尽管乔木林在滞纳 $PM_{2.5}$ 量仍占较大比例（58.18%），灌木林在滞纳 $PM_{2.5}$ 方面具有不可忽视的作用，灌木林滞纳 $PM_{2.5}$ 量为 514.04 万千克/年，占山西省滞纳 $PM_{2.5}$ 总量的 40.15%，经济林能力较差，仅 21.42 万千克/年（图 3-57）。滞纳 $PM_{2.5}$ 量最高的 3 种优势树种（组）为油松、栎类和针阔混交林，分别为 238.29 万千克/年、220.80 万千克/年和 97.14 万千克/年，占全省滞纳 $PM_{2.5}$ 总量的 43.45%；最低的 3 种优势树种（组）为云杉、硬阔类和竹林，分别为 6.13 万千克/年、0.57 万千克/年和 0.008 万千克/年，仅占全省滞纳 $PM_{2.5}$ 总量的 0.52%（图 3-58）。

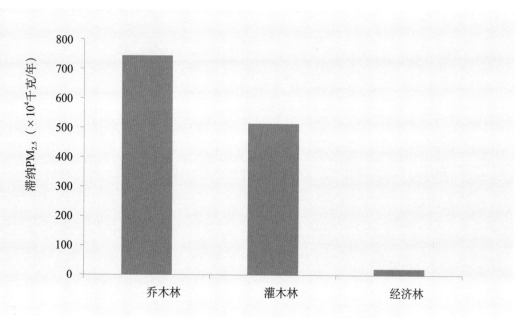

图 3-57　山西省主要树种（组）滞纳 $PM_{2.5}$ 量分布

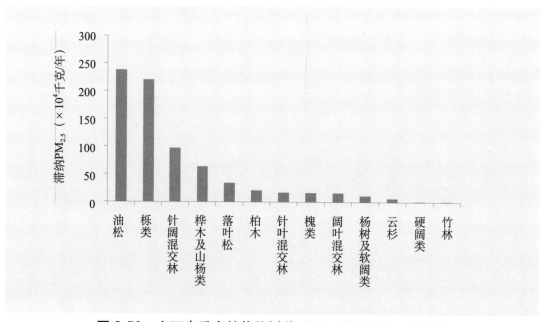

图 3-58　山西省乔木林优势树种（组）滞纳 $PM_{2.5}$ 量分布

山西省各树种（组）中，灌木林、油松林、经济林和栎类的各项生态系统服务功能强于其他树种（组），以上均为本区域的地带性植被且与分布面积有直接的关系。山西地处我国大陆东部中纬度地区，南北狭长，气候类型属温带大陆性季风气候。境内地形复杂，地貌多样，山脉起伏，高低悬殊，水平气候与垂直气候差异甚大，综合气候特征为：冬季寒冷干燥，夏季炎热多雨，各地温差悬殊，地面风向紊乱，风速偏小，日光充足，光热资源丰富。西部吕梁山脉和东部太行山脉是山西省九大国有林管理局的重点保护区域，森林覆盖率高，森林生态系统完整，生物种类十分丰富，降水丰沛，是山西省乃至京津冀生态圈的重要屏障。以上几种乔木优势树种（组）的资源面积主要分布在东西山脉，这两个区域的自然特征和森林资源状况，保证了其森林生态系统服务的正常发挥。从山西省森林资源数据中可以得出，树种（组）中灌木林、栎类和油松林三者的面积和蓄积量分别占全省森林总量的 52.53% 和 52.23%。可以看出，灌木林、栎类和油松林的森林资源数量占据了山西省森林资源的一半以上，所以其生态系统服务功能较强。另外，由面积和蓄积量所占比例还可以看出，此 3 个树种（组）的林分质量强于其他优势树种（组），这也是其生态系统服务功能较强的主要原因，因为生物量的高生长也会带动其他森林生态系统服务功能项的增长（谢高地，2003）。

关于林龄结构对于生态系统服务功能的影响，已在本章第三节中进行了论述。从山西省森林资源数据中可以得出，乔木林中油松和栎类的中龄林和近熟林的面积占全省乔木林总面积的 62.55%，这足以说明以上两个优势树种组正处于林木生长速度最快的阶段，林木的高生长速率带来了较强的森林生态系统服务。庄家尧等（2008）在不同森林植被类型土壤蓄水能力研究中得出，中龄林的土壤蓄水能力强于近熟林。山西省东西部山区是生态脆弱区，分布有大面积的水土保持林、水源涵养林和自然保护区林。这些防护林均属于生态公益林，属于禁止采伐区，人为干扰较低，其森林生态系统结构较为合理，可以高效、稳定地发挥其生态系统服务。

本研究中，将森林滞纳 PM_{10} 和 $PM_{2.5}$ 从滞尘功能中分离出来，进行了独立的评估，从评估结果中可以看出（图 3-38，图 3-39），栎类在净化 PM_{10} 和 $PM_{2.5}$ 的能力最强，年单位面积滞纳量分别为 14.06 千克 / 公顷、6.76 千克 / 公顷，其次为云杉、针阔混交林、针叶混交林、油松。总体来讲，针叶林滞纳污染物的能力与栎类差异性较小，说明针叶林滞纳细微颗粒物能力不亚于阔叶树种，针叶混交林的净化大气环境能力高主要是由于其自然滞尘的速率较高（张维康，2015），所以，除了栎类，滞纳颗粒物能力较强的均为针叶林。滞尘能力较强的针叶优势树种（组）大部分分布在两山山区，山区年降雨量较高且次数较多，在降雨的作用下，树木叶片表面滞纳的颗粒物能够再次悬浮回到空气中或洗脱至地面，说明叶片有反复滞纳颗粒物的能力（Hofman，2014）。

本研究结果显示，除了单位面积调节水量服务功能，乔木林单位面积生态系统服务功能高于经济林和灌木林，与牛香等（2012）得出的乔木林生态系统服务功能高于经济林和灌木林的结果相似（董秀凯，2009）。研究结果中，山西省灌木林在调节水量方面发挥着重要的作用，高于乔木林和经济林。因此，对于山西省干旱半干旱的气候特征，尤其是北部风沙区，在土壤和气候不能满足乔木林的区域，栽植灌木是一种遵循自然的植被修复和恢复措施。

第四章

山西省森林生态系统服务功能价值量评估

第一节　山西省森林生态系统服务功能价值量评估总结果

根据分布式测算方法，计算出山西省森林生态系统服务功能总价值为3172.64亿元/年，相当于2016年山西省GDP（12928.34亿元）的24.54%，每公顷森林提供的价值量为6.37万元/年。所评估的7项功能价值量见表4-1。

在7项森林生态系统服务功能价值的贡献之中（图4-1），其从大到小的顺序为：涵养水源、净化大气环境、保育土壤、固碳释氧、生物多样性保护、林木积累营养物质、森林

表4-1　山西省森林生态系统服务功能价值量评估结果

功能项	涵养水源 （亿元/年）	保育土壤 （亿元/年）	固碳释氧 （亿元/年）	净化 大气环境 （亿元/年）	林木积累 营养物质 （亿元/年）	生物多 样性保护 （亿元/年）	森林游憩 （亿元/年）	小计 （亿元/年）
价值量	1034.58	583.33	328.48	887.98	76.91	255.67	5.69	3172.64

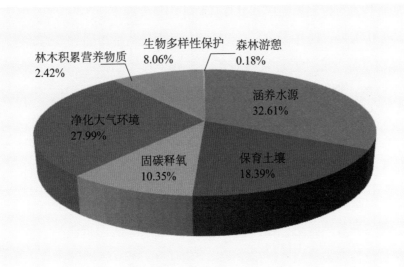

图4-1　山西省森林生态系统服务功能价值量比例

游憩。山西省 7 项森林生态系统服务功能的价值量和所占比率分别为：涵养水源 1034.58 亿元 / 年，32.61%；保育土壤 583.33 亿元 / 年，18.39%；固碳释氧 328.48 亿元 / 年，10.35%；净化大气环境 887.98 亿元 / 年，27.99%；林木积累营养物质 76.91 亿元 / 年，2.42%；生物多样性保护 255.67 亿元 / 年，8.06%；森林游憩 5.69 亿元 / 年，0.18%。山西省各项森林生态系统服务功能价值量所占总价值量的比例，能够充分体现出该省份所处区域森林生态系统以及森林资源结构的特点。

涵养水源：在山西省森林生态系统所提供的诸项服务中，以涵养水源功能的价值量所占比例最高，价值量为 1034.58 亿元 / 年，占总价值量的 32.61%。山西省森林生态系统的水源涵养功能对于维持山西省的用水安全起到了非常重要的作用。山西省近年来在大型水库上游大力实施水源涵养林人工造林，与山西省森林的涵养水源价值量较高有关。

净化大气环境：净化大气环境各项指标的总价值量为 887.98 亿元 / 年，占全省总价值量的 27.99%；与其他省份相比，山西省净化大气环境的价值量所占比例最高，这是因为本研究在计算净化大气环境的生态系统服务功能时，重点考虑了森林滞纳 $PM_{2.5}$ 和 PM_{10} 的价值。作为煤炭企业的大省，生产引起的颗粒物造成的大气污染相对严重，我们知道 $PM_{2.5}$ 这种可入肺的细颗粒物，以其粒径小、富含有毒物质多，在空气中停留时间长，可远距离输送，因而对人体健康和大气环境质量的影响更大 (Li, 2010)。本次研究采用健康损失法测算了由于 $PM_{2.5}$ 和 PM_{10} 的存在对人体健康造成的损伤，用损失的健康价值替代 $PM_{2.5}$ 和 PM_{10} 带来的危害，从而使得评估的净化大气环境的价值量较高。山西省森林植被能够有效地起到滞纳颗粒物的作用，净化大气环境，从而维护人居环境的安全，有利于区域生态文明的建设，最终实现全省社会、经济与环境的可持续发展。

保育土壤：保育土壤价值量为 583.33 亿元 / 年，占总价值量的 18.39%，排在本次评估价值量的第三位。与黑龙江、宁夏等省份不同，山西省森林保育土壤的价值量比例最高，对于山西省黄土地质和土石山地质土壤的发育具有非常重要的作用。

固碳释氧：森林作为最大的储碳库，不仅能够使我们的生活增加更多的绿色，而且能够促进节能减排，减缓气候变暖，通过植物的光合作用，把大气中的二氧化碳以生物量的形式固定在植被和土壤中，释放出氧气，从而给人们创造更多的新鲜空气。山西省森林年固碳 762.88 万吨，年释氧 1788.97 万吨；年价值量为 328.48 亿元，占总价值量的 10.4%。

生物多样性：物种是最珍贵的自然遗产和人类未来的财富。森林是动植物生存繁衍的主要场所，陆地上 80% 以上的生物生存于森林中。山西省森林的生物多样性保护价值每年为 255.67 亿元，占总价值量的 8.1%。

森林积累营养物质和森林游憩：两项价值量为 82.6 亿元，占总价值的 2.5%。

山西省森林生态价值突出特点体现在以下两个方面：一是主导功能鲜明。山西省森林的主要生态功能为涵养水源和净化大气环境，其价值量占到全省森林生态价值总量的 60.6%。

二是价值增长迅速。2016 年山西省的森林生态价值和单位面积价值量，比国家林业局 2005 年发布的同类数据，分别增加了 2118.69 亿元和 3.24 万元，增幅分别达到 201% 和 104%。

第二节　山西省各地级市森林生态系统服务功能价值量评估结果

山西省各地级市森林生态系统服务功能价值量见图 4-2、表 4-2、表 4-3。本节阐述的山西省森林生态系统服务功能价值量不包括森林防护功能。山西省各地级市森林生态系统服务功能价值量的空间分布格局如图 4-3 至图 4-10。

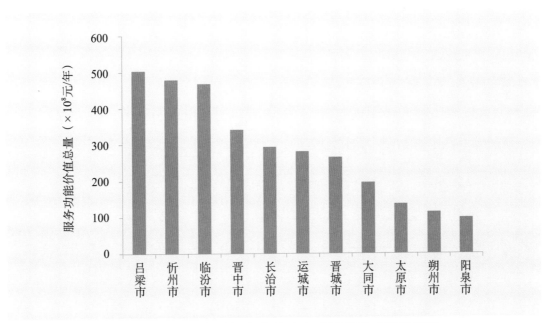

图 4-2　山西省各地级市森林生态系统服务功能价值量

一、涵养水源

统计结果显示，涵养水源功能价值量最高的 3 个地级市为忻州市、吕梁市和临汾市，分别为 174.41 亿元 / 年、164.38 亿元 / 年和 145.00 亿元 / 年，占全省涵养水源总价值量的 46.76%；最低的 3 个地级市为太原市、朔州市和阳泉市，分别为 43.17 亿元 / 年、32.67 亿元 / 年和 29.83 亿元 / 年，仅占全省涵养水源总价值的 10.21%（图 4-3）。单位面积涵养水源价值量排序为：晋中市＞忻州市＞长治市＞临汾市＞晋城市＞吕梁市＞运城市＞太原市＞阳泉市＞大同市＞朔州市，最高为 2.40 万元 / 公顷，最低仅为 1.46 万元 / 公顷，整体趋势与降水量直接相关（表 4-3）。依据《2016 年山西统计年鉴》，忻州市、吕梁市和临汾市森林生态系统涵养水源价值相当于 3 个地级市 GDP 的 16.59%，而全省森林生态系统涵养水源价值量占全省 GDP 总量比值仅为 8.00%，由此可见，忻州市、吕梁市和临汾市森林生态系统涵

表 4-2 山西省各地级市森林生态系统服务功能价值量

地级市	涵养水源(亿元/年)	保育土壤(亿元/年)	固碳释氧(亿元/年)	林木营养物质(亿元/年)	净化大气环境						生物多样性(亿元/年)	森林游憩(亿元/年)	小计(亿元/年)
					提供负离子(亿元/年)	吸收污染物(亿元/年)	滞纳TSP(亿元/年)	滞纳PM_{10}(亿元/年)	滞纳$PM_{2.5}$(亿元/年)	小计(亿元/年)			
大同市	60.62	40.96	21.08	4.38	0.04	0.76	12.21	0.32	37.57	50.90	17.06	0.57	195.57
晋城市	75.88	46.98	29.95	7.46	0.10	1.06	21.25	0.96	58.08	81.46	23.02	0.08	264.83
晋中市	125.37	50.29	32.87	6.72	0.06	1.35	24.36	0.84	69.62	96.23	29.44	0.34	341.26
临汾市	145.00	89.27	49.61	12.56	0.22	1.81	33.08	1.50	98.30	134.91	36.25	0.17	467.77
吕梁市	164.38	98.17	46.69	10.49	0.25	1.98	36.21	1.40	100.83	140.67	42.21	--	502.61
朔州市	32.67	25.38	12.76	2.06	0.03	0.46	7.15	0.15	22.80	30.59	10.24	--	113.70
太原市	43.17	28.13	12.53	3.15	0.05	0.56	9.12	0.36	28.88	38.97	9.99	0.05	135.99
忻州市	174.41	85.05	43.96	10.04	0.07	1.84	30.73	0.91	94.77	128.33	33.27	3.23	478.29
阳泉市	29.83	18.52	9.68	2.07	0.04	0.50	9.10	0.31	20.40	30.35	7.38	0.02	97.85
运城市	82.87	52.18	36.53	10.38	0.12	0.93	18.84	0.76	51.86	72.50	26.57	0.07	281.10
长治市	100.38	48.40	32.82	7.60	0.17	1.31	23.83	1.04	56.72	83.07	20.24	1.16	293.67
全省	1034.58	583.33	328.48	76.91	1.15	12.56	225.88	8.55	639.83	887.98	255.67	5.69	3172.64

表 4-3　山西省各地级市森林生态系统服务功能单位面积价值量

地级市	涵养水源（万元/年）	保育土壤 万元/年	固碳释氧（万元/年）	林木营养物质（万元/年）	净化大气环境						生物多样性（万元/年）	森林游憩（万元/年）	小计（万元/年）
					提供负离子（万元/年）	吸收污染物（万元/年）	滞纳TSP（万元/年）	滞纳PM_{10}（万元/年）	滞纳$PM_{2.5}$（万元/年）	小计（万元/年）			
大同市	1.8399	1.2432	0.6398	0.1329	0.0012	0.0231	0.3706	0.0097	1.1403	1.5449	0.5178	0.0172	5.9357
晋城市	2.0220	1.2519	0.7981	0.1988	0.0027	0.0282	0.5662	0.0256	1.5476	2.1706	0.6134	0.0021	7.0569
晋中市	2.4024	0.9637	0.6299	0.1288	0.0011	0.0259	0.4668	0.0161	1.3341	1.8440	0.5641	0.0065	6.5394
临汾市	2.0331	1.2517	0.6956	0.1761	0.0031	0.0254	0.4638	0.0210	1.3783	1.8916	0.5083	0.0024	6.5588
吕梁市	2.0181	1.2053	0.5732	0.1288	0.0031	0.0243	0.4446	0.0172	1.2379	1.7270	0.5182	--	6.1707
朔州市	1.4606	1.1347	0.5705	0.0921	0.0013	0.0206	0.3197	0.0067	1.0193	1.3676	0.4578	--	5.0832
太原市	1.8964	1.2357	0.5504	0.1384	0.0022	0.0246	0.4006	0.0158	1.2686	1.7119	0.4388	0.0022	5.9738
忻州市	2.3508	1.1463	0.5925	0.1353	0.0009	0.0248	0.4142	0.0123	1.2774	1.7297	0.4484	0.0435	6.4466
阳泉市	1.8417	1.1434	0.5976	0.1278	0.0025	0.0309	0.5618	0.0191	1.2595	1.8738	0.4556	0.0013	6.0413
运城市	1.8970	1.1945	0.8362	0.2376	0.0027	0.0213	0.4313	0.0174	1.1872	1.6596	0.6082	0.0015	6.4347
长治市	2.3064	1.1121	0.7541	0.1746	0.0039	0.0301	0.5475	0.0239	1.3033	1.9087	0.4651	0.0267	6.7477
平均	2.0768	1.1710	0.6594	0.1544	0.0023	0.0252	0.4534	0.0172	1.2844	1.7825	0.5132	0.0114	6.3687

养水源功能对于山西省的重要性。通常，实施控制性蓄水工程及水网建设是政府采用最多的工程方法，但是建设水利等工程设施存在许多弊端，例如：占用大量的土地，改变了其土地利用方式，且水利等基础设施存在使用年限等。作为"生态涵水"的主体，森林生态系统就像一个"绿色、安全、永久"的水利设施，保存完整的情况下，其涵养水源功能是持续增长的，同时还能带来其他方面的生态功能，例如：防止水土流失、森林游憩、生物多样性保护等。

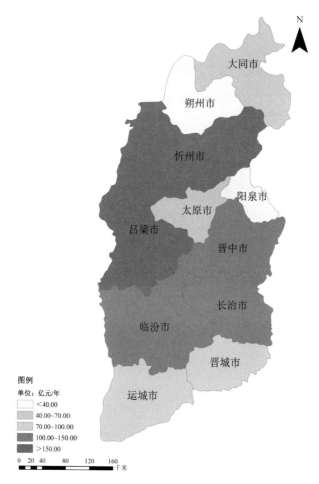

图 4-3　山西省各地级市森林涵养水源功能价值空间分布

二、保育土壤

保育土壤功能价值量最高的 3 个地级市为吕梁市、临汾市和忻州市，分别为 98.17 亿元 / 年、89.27 亿元 / 年和 85.05 亿元 / 年，占全省保育土壤总价值量的 46.71%，最低的 3 个地级市为太原市、朔州市和阳泉市，分别为 28.13 亿元 / 年、25.38 亿元 / 年和 18.52 亿元 / 年，占全省保育土壤总价值量的 12.34%（图 4-4）。单位面积保育土壤价值量排序为：晋城市＞临汾市＞大同市＞太原市＞吕梁市＞运城市＞忻州市＞阳泉市＞朔州市＞长治市＞晋中市，最高为 1.25 万元 / 公顷，最低 0.96 万元 / 公顷（表 4-3）。依据《2016 年山西统计年鉴》，吕梁市、临汾市和忻州市森林生态系统保育土壤价值相当于 3 个地区 GDP 的 9.34%，是山西省森林生态系统保育土壤价值量占全省 GDP 总量比值的 2 倍，由此可以看出，吕梁市、临汾市和忻州市森林生态系统保育土壤功能对于山西省的重要性。以上地区属于黄河流域重要的干支流，区内还分布有山西省 4 座大型水库，其森林生态系统的固土作用极大地保障了生态安全以及延长了水库的使用寿命，为本区域社会经济发展提供了重要保障。在地质灾害发生方面，山西省东西部山区属典型的黄土和土石山区，是山西省地质灾害多发区，每年都有不同类型的地质灾害发生，给人民生命财产和国家经济建设造成重大损失。所以，吕梁市、临汾市和忻州市森林生态系统保育土壤功能对于降低山西省地质灾害经济损失、保障人民生命财安全，具有非常重要的作用。

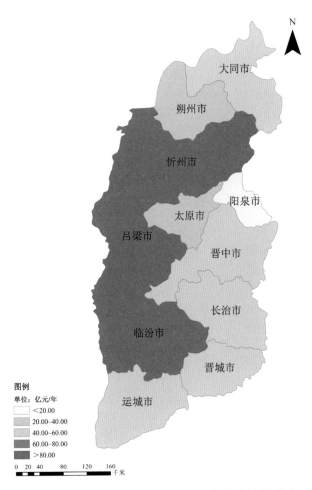

图 4-4　山西省各地级市森林保育土壤功能价值空间分布

三、固碳释氧

固碳释氧功能价值量最高的 3 个地级市为临汾市、吕梁市和忻州市，分别为 49.61 亿元/年、46.69 亿元 / 年和 43.96 亿元 / 年，占全省固碳释氧总价值量的 42.70%，最低的 3 个地级市朔州市、太原市和阳泉市，分别为 12.76 亿元 / 年、12.53 亿元 / 年和 9.68 亿元 / 年，仅占全省固碳释氧总价值量的 10.64%（图 4-5）。单位面积固碳释氧价值量排序为：运城市 > 晋城市 > 长治市 > 临汾市 > 大同市 > 晋中市 > 阳泉市 > 忻州市 > 吕梁市 > 朔州市 > 太原市，最高为 0.83 万元 / 公顷，最低为 0.55 万元 / 公顷（表 4-3），整体趋势为南部地级市高于中北部地级市。依据《2016 年山西统计年鉴》，临汾市、吕梁市和忻州市森林生态系统固碳释氧价值值相当于 3 个地级市 GDP 的 4.81%，是山西省森林生态系统固碳释氧价值量占全省 GDP 总量比值的 2 倍。由此可见，临汾市、吕梁市和忻州市森林生态系统固碳释氧功能对于山西省的重要性。

图例
单位：亿元/年
　< 10.00
　10.00~20.00
　20.00~30.00
　30.00~40.00
　> 40.00
0　20　40　　80　　120　　160
千米

图 4-5　山西省各地级市森林固碳释氧功能价值空间分布

四、林木积累营养物质

林木积累营养物质功能价值量最高的 3 个地级市为临汾市、吕梁市和运城市，分别为 12.56 亿元 / 年、10.49 亿元 / 年和 10.38 亿元 / 年，占全省林木积累营养物质总价值量的 43.47%；最低的 3 个地级市为太原市、阳泉市和朔州市，分别为 3.15 亿元 / 年、2.07 亿元 / 年和 2.06 亿元 / 年，仅占全省林木积累营养物质总价值量的 9.47%（图 4-6）。单位面积林木积累营养物质功能价值量各地级市排序为：运城市＞晋城市＞临汾市＞长治市＞太原市＞忻州市＞大同市＞晋中市＞吕梁市＞阳泉市＞朔州市，最高为 0.23 万元 / 公顷，最低为 0.09 万元 / 公顷（表 4-3），整体趋势为南部地级市高于中北部地级市。依据《2016 年山西统计年鉴》，临汾市、吕梁市和运城市森林生态系统林木积累营养物质价值相当于 3 个地级市 GDP 的 2.25%，是山西省森林生态系统林木积累营养物质价值量占全省 GDP 总量比值的近 4 倍。由此可以看出，临汾市、吕梁市和运城市森林生态系统林木积累营养物质功能对于山西省的重要性。林木在生长过程中不断从周围环境吸收营养物质，固定在植物体中，成为全球生物化学循环不可缺少的环节。

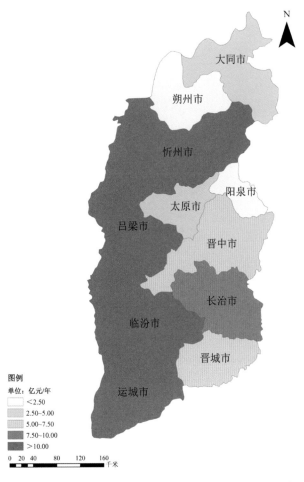

图 4-6　山西省各地级市森林积累营养物质功能价值空间分布

　　林木积累营养物质服务功能首先是维持自身生态系统的养分平衡，其次才是为人类提供生态系统服务。林木积累营养物质功能可以使土壤中部分养分元素暂时保存在植物体内，在之后的生命循环周期内再归还到土壤中，这样可以暂时降低因为水土流失而带来的养分元素的损失。一旦土壤养分元素损失就会造成土壤贫瘠化，若想再保持土壤原有的肥力水平，就需要通过人为的方式向土壤中输入养分。

五、净化大气环境

　　山西省净化大气环境功能价值量最高的 3 个地级市为吕梁市、临汾市和忻州市，分别为 140.67 亿元/年、134.91 亿元/年和 128.33 亿元/年，占全省净化大气环境总价值量的 45.49%，最低的 3 个地级市为太原市、朔州市和阳泉市，分别为 38.97 亿元/年、30.59 亿元/年和 30.35 亿元/年，仅占全省净化大气环境总价值量的 11.25%（图 4-7 至图 4-9）。

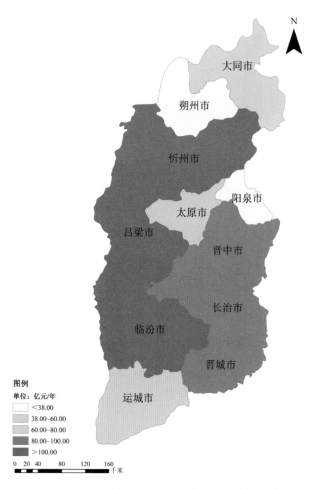

图 4-7　山西省各地级市森林净化大气环境功能价值空间分布

单位面积净化大气环境功能价值量各地级市排序为：晋城市＞长治市＞临汾市＞阳泉市＞晋中市＞忻州市＞吕梁市＞太原市＞运城市＞大同市＞朔州市，最高为2.17万元/公顷，最低为1.37万元/公顷（表4-3），整体趋势为南部地级市高于中北部地级市。依据《2016年山西统计年鉴》，吕梁市、临汾市和忻州市森林生态系统净化大气环境功能价值相当于3个地级市GDP的13.85%，是山西省森林生态系统净化大气环境功能价值量占全省GDP总量比值的2倍。由此可以看出，吕梁市、临汾市和忻州市森林生态系统净化大气环境功能对于山西省的重要性。

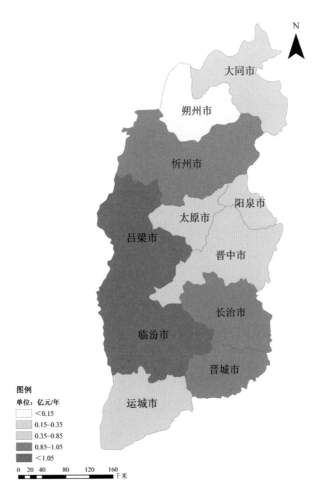

图 4-8 山西省各地级市森林吸滞 PM_{10} 功能价值空间分布

与其他省份相比，山西省净化大气环境的价值量所占比例最高，这是因为本研究在计算净化大气环境的生态系统服务功能时，重点考虑了森林滞纳 $PM_{2.5}$ 和 PM_{10} 的价值。作为煤炭企业的大省，生产引起的颗粒物造成的大气污染相对严重，我们知道 $PM_{2.5}$ 这种可人肺的细颗粒物，以其粒径小、富含有毒物质多，在空气中停留时间长，可远距离输送，因而对人体健康和大气环境质量的影响更大 (Li, 2010)。森林生态系统净化大气环境功能即为林木通过自身的生长过程，从空气中吸收污染气体，在体内经过一系列的转化过程，将吸收的污染气体降解后排出体外或者储存在体内；另一方面，林木通过林冠层的作用，加速颗粒物的沉降或者吸附滞纳在叶片表面，进而起到净化大气环境的作用，极大地降低了空气污染物对于人体的危害。

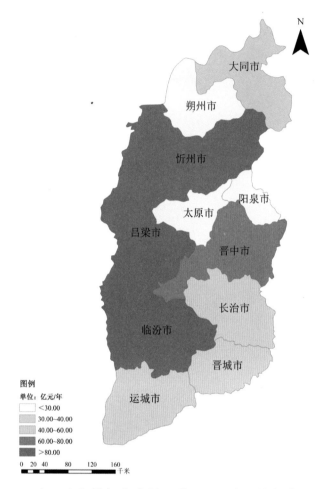

图 4-9　山西省各地级市森林吸滞 PM$_{2.5}$ 功能价值空间分布

六、生物多样性保护

生物多样性保护功能价值量最高的 3 个地级市为吕梁市、临汾市和忻州市，分别为 42.21亿元 / 年、36.25 亿元 / 年和 33.27 亿元 / 年，占全省生物多样性保护总价值量的 43.70%，最低的 3 个地级市为朔州市、太原市和阳泉市，分别为 10.24 亿元/年、9.99 亿元/年和 7.38 亿元/年，仅占全省生物多样性保护总价值量的 10.80%（图 4-10）。单位面积生物多样性保护功能价值量各地级市排序为：晋城市＞运城市＞晋中市＞吕梁市＞大同市＞临汾市＞长治市＞朔州市＞阳泉市＞忻州市＞太原市，最高为 0.61 万元 / 公顷，最低为 0.44 万元 / 公顷（表 4-3），整体趋势为南部地级市高于中北部地级市。依据《2016 年山西统计年鉴》，吕梁市、临汾市和忻州市森林生态系统生物多样性保护功能价值相当于 3 个地级市 GDP 的 3.83%，是山西省森林生态系统生物多样性保护功能价值量占全省 GDP 总量比值的近 2 倍。由此可以看出,吕梁市、临汾市和忻州市森林生态系统生物多样性保护功能对于山西省的重要性。山西森林资源中有 2743 种野生植物,其中有不少珍稀名贵树种,如国家一级保护植物红豆杉;有 439 种野生动物,其中不乏金钱豹、褐马鸡等国家一级保护动物。这些珍贵的野生动植物共同构成了丰富多彩的森林景观,有极高的观赏价值和科研价值。

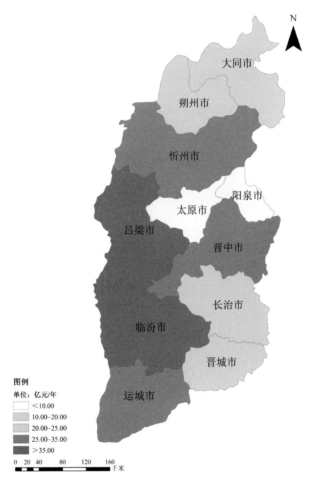

图 4-10　山西省各地级市森林生物多样性保护功能价值空间分布

山西省政府将生物多样性保护纳入重要日程,成立山西省生物多样性保护委员会,负责统筹协调全省生物多样性保护工作,开展"联合国生物多样性十年"山西行动,积极开展生物多样性调查、评估与监测工作,强化自然保护区建设与监管,优化自然保护区布局,积极建设生物多样性恢复示范区和保护示范区。为了有效保护和管理境内野生动物及自然环境,截至 2016 年年底,山西省共建成自然保护区 46 个,其中国家级 7 个,省级 39 个,自然保护区面积达 110 万公顷,占全省国土面积的 7.4%。共有国家级生态示范区 16 个,省级生态功能保护区 2 个;国家级生态乡镇 8 个,国家级生态村 3 个;省级生态县 2 个,省级生态乡镇 257 个,省级生态村 1454 个。

七、森林游憩

山西省森林游憩功能价值量最大的 3 个地级市分别为忻州市、长治市和大同市，价值量分别为 3.23 亿元 / 年、1.16 亿元 / 年和 0.57 亿元 / 年，占全省森林游憩功能价值量的 87.17%（图 4-11）。同时，这 3 个地级市单位面积森林游憩功能价值量最大，分别为 0.044 万元 / 公顷、0.027 万元 / 公顷和 0.017 万元 / 公顷（表 4-3）。依据《2016 年山西统计年鉴》，忻州市、长治市和大同市森林生态系统森林游憩价值相当于 3 个地级市 GDP 的 0.16%，是山西省森林生态系统森林游憩价值量占全省 GDP 总量比值的近 4 倍。

山西省境内山地、丘陵占全省总面积的 80%，地势起伏明显，地貌类型复杂多样，大致形成了东部山地区、中部盆地区和西部山地高原区三大系列，山西森林旅游资源多数坐落其中，按照地貌类型，形成了以山岳型为主，其他类型（如湖泊型、冰川型等）相对较少的森林旅游资源类型。22 个国家级森林公园（如五台山、管涔山、关帝山、太行峡谷等）、8 个国家级自然保护区（芦芽山、阳城蟒河、庞泉沟、历山、五鹿山、黑茶山）构成了山西省丰富的自然景观资源。与其他省份不同，山西森林旅游资源不仅自然景观独具特色，而

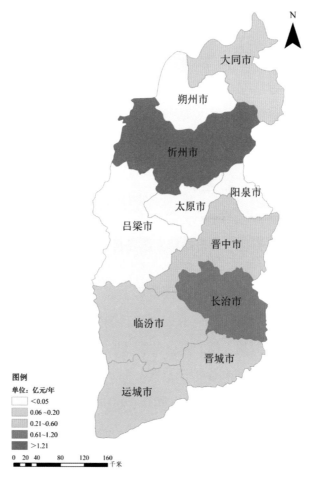

图 4-11 山西省各地级市森林游憩功能价值空间分布

且人文资源种类繁多,更多地体现了自然景观与人文景观的完美结合,从而形成了集人文与自然于一体的独特森林旅游资源,如四大佛教名山之一的五台山,晋商民俗文化、黄河根祖文化、红色革命文化、右玉精神均是山西特有的人文内涵。这些人文资源通过与森林、特色灌木林等自然资源有机地融合在了一起,有力地促进了山西省旅游业的发展。

第三节　山西省不同优势树种(组)生态系统服务功能价值量评估结果

以物质量评估结果为基础,通过价格参数,将山西省不同树种(组)生态系统服务功能的物质量转化为价值量,该价值量不包括森林游憩功能价值量,山西省不同树种(组)生态系统服务功能价值量评估结果见表4-4。从表4-4可以看出,山西省各树种(组)间生态系统服务功能价值量评估结果的分配格局呈现明显的规律性,且差异较明显,价值量最高的为灌木林、油松和栎类,分别为1124.01亿元/年、593.29亿元/年和329.94亿元/年,占全省总价值量的64.64%,价值量较低的树种为云杉、硬阔类和竹林,仅占全省总价值量的0.55%。

一、涵养水源

涵养水源功能价值量中乔木林最高,占总价值量的近50%,灌木林和经济林涵养水源功能价值量分别为419.06亿元/年和102.04亿元/年,占总价值量的一半,灌木林在涵养水源方面具有重要的作用(图4-12)。从图4-13可以看出,涵养水源功能价值量最高的3种优势树种组为油松、针阔混交林和栎类,分别为179.08亿元/年、70.26亿元/年和61.44

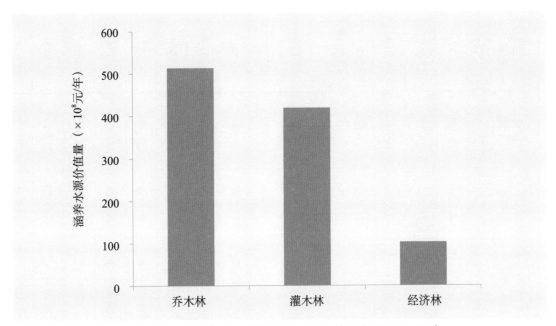

图 4-12　山西省主要树种(组)涵养水源价值量分布

表 4-4 山西省主要优势树种（组）服务功能价值量

树种（组）	涵养水源（亿元/年）	保育土壤（亿元/年）	固碳释氧（亿元/年）	林木积累营养物质（亿元/年）	净化大气环境（亿元/年）						生物多样性（亿元/年）	总计（亿元/年）
					提供负离子	吸收污染物	滞纳TSP	滞纳PM_{10}	滞纳$PM_{2.5}$	小计		
云杉	4.300	2.481	0.737	0.326	0.006	0.090	1.745	0.080	2.943	4.865	0.834	13.544
落叶松	31.406	20.352	11.050	4.121	0.042	0.753	14.467	0.452	16.526	32.239	7.358	106.527
油松	179.082	104.121	66.010	13.935	0.375	3.823	73.465	3.128	114.419	195.211	34.933	593.291
柏木	21.022	11.788	5.830	2.360	0.013	0.472	9.074	0.262	10.272	20.093	5.112	66.205
栎类	61.438	37.416	38.589	11.336	0.184	0.633	28.195	1.436	106.019	136.467	44.698	329.945
桦木及山杨类	21.584	14.620	13.177	2.420	0.041	0.214	9.525	0.404	30.811	40.995	15.107	107.903
硬阔类	1.500	0.812	0.708	0.093	0.002	0.013	0.257	0.009	0.275	0.556	0.272	3.943
杨树及软阔类	39.527	22.006	19.246	2.606	0.047	0.385	5.222	0.131	5.458	11.243	8.153	102.781
槐类	31.078	17.134	15.519	1.904	0.040	0.284	3.850	0.181	8.049	12.403	6.012	84.051
针叶混交林	11.654	8.357	5.790	1.290	0.019	0.117	1.598	0.227	8.298	10.258	3.875	41.224
阔叶混交林	40.604	27.784	20.527	4.337	0.083	0.373	5.056	0.257	7.908	13.677	8.842	115.771
针阔混交林	70.265	39.630	30.536	11.215	0.121	0.632	8.653	1.275	46.643	57.325	19.354	228.326
竹林	0.003	0.002	0.001	0.000	0.000	0.000	0.000	0.000	0.004	0.004	0.001	0.012
灌木林	419.064	213.114	72.808	11.913	0.099	3.763	51.085	0.460	271.938	327.344	79.763	1124.006
经济林	102.035	63.702	27.968	9.052	0.069	1.000	13.681	0.260	10.283	25.293	21.358	249.407

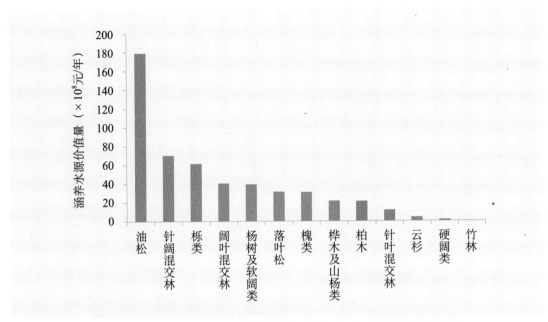

图 4-13 山西省乔木林优势树种（组）涵养水源价值量分布

亿元/年，占全省涵养水源总价值量的30.02%；最低的3种优势树种（组）为云杉、硬阔类和竹林，分别为4.3亿元/年、1.5亿元/年和0.003亿元/年，仅占全省涵养水源总价值量的0.56%。依据《2016年山西统计年鉴》，2015年山西省水利工程管理业投资额度为218.58亿元，仅灌木林的涵养水源价值量已是水利投资总额度的约2倍，优势树种涵养水源总价值量是其投资额度的4.7倍。由此可以看出，山西省森林生态系统涵养水源功能的重要性。

水利设施是涵养水源常见措施，水利设施的建设需要占据一定面积的土地，从而改变土地利用类型，无论是占据的哪一类土地类型，均对社会造成不同程度的影响。另外，建设的水利设施还存在使用年限和一定危险性，随着使用年限的增加，水利设施内会淤积大量的淤泥，影响其使用寿命，并且还存在坍塌等灾害的危险，所以，利用和提高森林生态系统涵养水源功能，可以大大减少相应水利设施建设的投资，并将以上危险性降到最低。

二、保育土壤

保育土壤功能价值量中乔木林价值量最高，占总价值量的52.63%，而灌木林价值量为213.11亿元/年，占总价质量的36.54%，在保育土壤中具有重要的作用，经济林为63.70亿元/年，占全部价值量的10.92%（图4-14）。从图4-15可见，保育土壤功能价值量最高的3种优势树种组为油松、针阔混交林和栎类，分别为104.12亿元/年、39.63亿元/年和37.42亿元/年，占全省保育土壤总价值量的31.06%；最低的3种优势树种组为云杉、硬阔类和竹林，分别为2.48亿元/年、0.812亿元/年和0.002亿元/年，仅占全省保育土壤总价值量

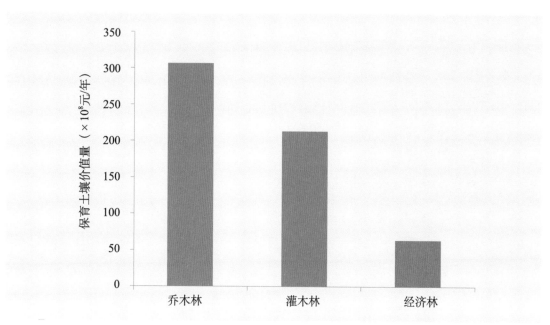

图 4-14　山西省主要树种（组）保育土壤价值量分布

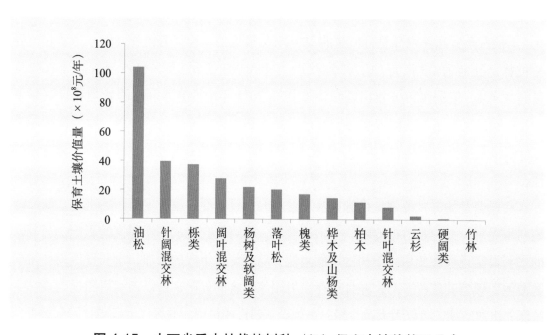

图 4-15　山西省乔木林优势树种（组）保育土壤价值量分布

的 0.57%。保育土壤功能价值量较高的灌木林和油松乔木林分布在山西省的吕梁山脉和太行山脉，而这两个区恰恰是山西省水力侵蚀和地质灾害多发的重点地区（图 4-16）。

山西省 11 个地级市中，中度土壤侵蚀地级市为吕梁市、临汾市、忻州市和阳泉市，水土流失风险大，分布广，每年都有不同类型的地质灾害发生，造成土地退化、河道淤塞、水土污染等一系列环境问题（何维灿，2016）。因此，该区域的森林生态系统能够削弱雨滴的动能，调节径流泥沙、缓减径流汇集、延长径流汇集的时间，同时林木的枯落物层能有

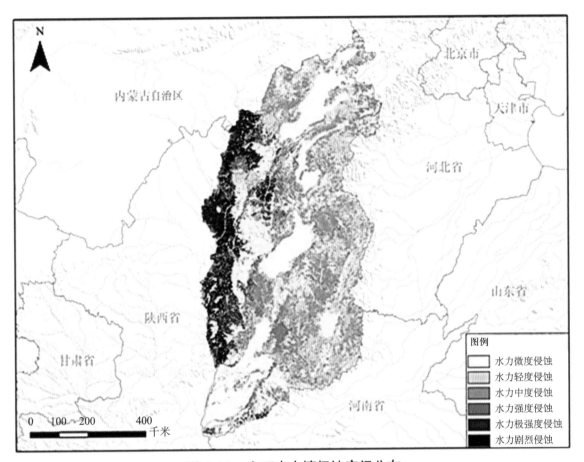

图 4-16　山西省土壤侵蚀空间分布

效拦截和过滤泥沙，净化水质的同时保育土壤，减少了随着径流进入水系中的营养元素含量，大大降低了土地退化、河道淤塞、水土污染等环境污染的可能性，将灾害抑制在萌芽状态。

三、固碳释氧

固碳释氧功能价值量最高的是乔木林，占总价值量的 69.4%，灌木林和经济林的固碳释氧价值量分别为 72.81 亿元 / 年和 27.97 亿元 / 年，共占总价值量的 30.6%，亦是山西省固碳释氧不可忽视的力量（图 4-17）。从图 4-18 可见，山西省固碳释氧功能价值量最高的 3 种优势树种组为油松、栎类和针阔混交林，分别为 66.01 亿元 / 年、38.59 亿元 / 年和 30.54 亿元 / 年，占全省固碳释氧总价值量的 41.14%；最低的 3 种优势树种组为云杉、硬阔类和竹林，分别为 0.74 亿元 / 年、0.71 亿元 / 年和 0.001 亿元 / 年，仅占全省固碳释氧总价值量的 0.44%。评估结果显示，灌木林、油松和栎类树种（组）的固碳量达到 762.88 万吨 / 年，若是通过工业减排的方式来减少等量的排放量，所投入的减排投资高达 2815 亿元，约占山西省 2016 年总 GDP 的 21.77%，由此可见，森林生态系统固碳释氧功能的重要作用。

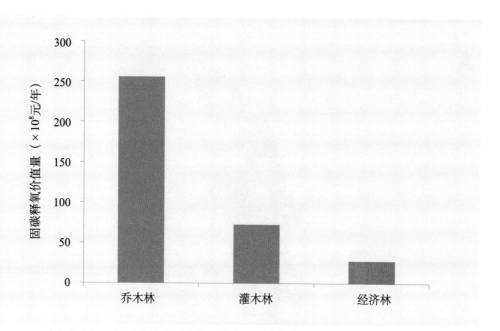

图 4-17　山西省主要树种（组）固碳释氧价值量分布

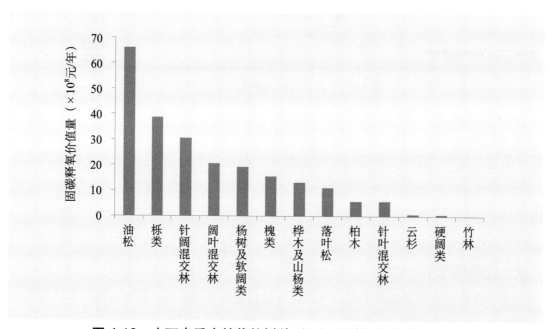

图 4-18　山西省乔木林优势树种（组）固碳释氧价值量分布

四、林木积累营养物质

林木积累营养物质功能价值量乔木林最高，占全省林木积累营养物质总量的75.91%，灌木林和经济林林木积累营养物质功能价值量分别为11.91亿元/年和9.05亿元/年（图4-19）。从图4-20可见，山西省林木积累营养物质功能价值量最高的3种优势树种组为油松、栎类和针阔混交林，价值量分别为13.935亿元/年、11.34亿元/年和11.22亿元/年，占林木积累营养物质总价值量的47.44%；最低的3种优势树种组为云杉、硬阔类和竹林，价值量分别为0.33亿元/年、0.09亿元/年，竹林的林木积累营养物质极少，数据处理后基本被

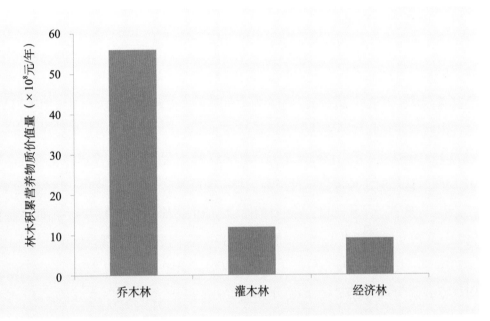

图 4-19　山西省主要树种（组）林木积累营养物质价值量分布

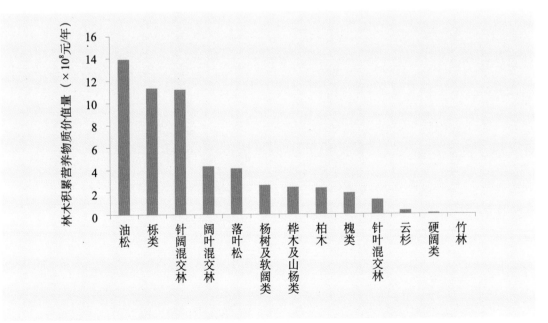

图 4-20　山西省乔木林优势树种（组）林木积累营养物质价值量分布

忽略，仅占全省林木积累营养物质总价值量的 0.55%。

　　森林生态系统通过林木积累营养物质功能，可以将土壤中的部分养分暂时的储存在林木体内。在其生命周期内，通过枯枝落叶和根系周转的方式再归还到土壤中，这样能够降低因为水土流失面造成的土壤养分的损失量。油松、灌木林、栎类和针阔混交林大部分分布在山西省西部和东部山区，其林木积累营养物质功能可以防止土壤养分元素的流失，保持山西省水生生态系统的稳定。另外，其林木积累营养物质功能可以成少农田土壤养分流失而造成的土壤贫瘠化，一定程度上降低了农田肥力衰退的风险。

五、净化大气环境

　　净化大气环境功能价值量最高的是乔木林，占总价值量的 60.36%，灌木林和经济林的价值量分别为 327.344.87 亿元 / 年和 25.294.87 亿元 / 年，仅灌木林一种树种净化大气环境的价值量占总价值量的 36.86%，为净化大气环境方面做出了巨大贡献（图 4-21）。从图 4-22 可见，山西省净化大气环境功能价值量最高的 3 种优势树种组为油松、栎类和针阔混交林，分别为 195.21 亿元 / 年、136.47 亿元 / 年和 57.33 亿元 / 年，占全省净化大气环境总价值量的 43.81%，最低的 3 种优势树种组为云杉、硬阔类和竹林，分别为 4.87 亿元 / 年、0.56 亿元 / 年和 10.03 亿元 / 年，仅占全省净化大气环境总价值量的 0.61%。山西省森林生态系统净化大气环境功能价值量占全部价值量的 28%，仅次于涵养水源价值量。

　　2016 年，山西省环境空气二氧化硫（SO_2）、可吸入颗粒物（PM_{10}）、细颗粒物（$PM_{2.5}$）年均浓度分别为 66 微克 / 立方米、109 微克 / 立方米、60 微克 / 立方米；与上年相比，二氧化硫、可吸入颗粒物、细颗粒物年均浓度分别上升 8.2%、11.2%、7.1%。为控制污染的高增

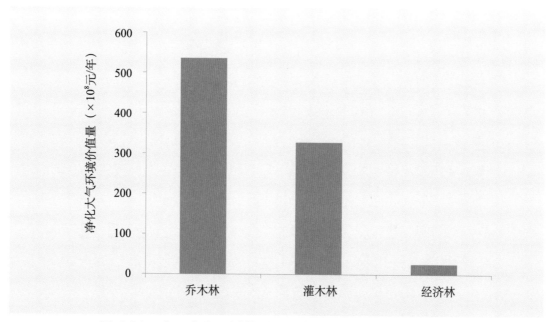

图 4-21　山西省主要树种（组）净化大气环境价值量分布

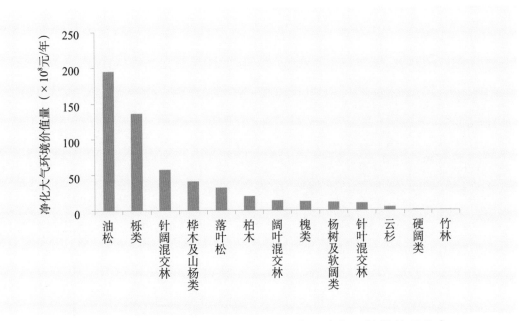

图 4-22　山西省乔木林优势树种（组）净化大气环境价值量分布

长速度，山西省政府全面推进控煤、治污、管车、降尘，实施大气污染防治 20 条强化措施，坚持空气质量月排名、通报制度，深入推进 2016 年大气污染防治行动计划。全省累计淘汰燃煤锅炉 4850 台，大力推进洁净型煤置换散煤工作，全省共 8 市推广使用洁净型煤，财政投入近 8.06 亿元，该投资相当于森林生态系统净化大气环境 887.97 亿元的价值量的 9%（图 4-23 至图 4-24），所以，山西省应该充分发挥森林生态系统净化大气环境功能，以生态型治理方法应对严重的污染问题。

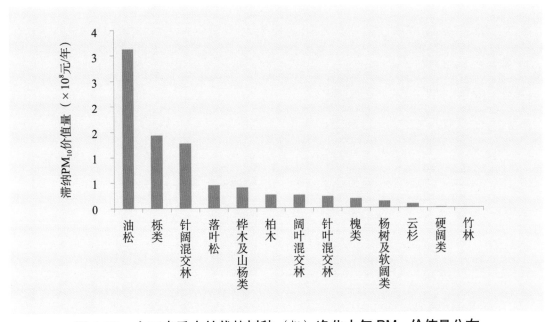

图 4-23　山西省乔木林优势树种（组）净化大气 PM_{10} 价值量分布

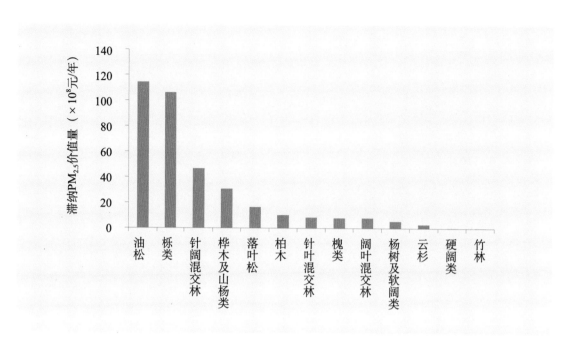

图 4-24　山西省乔木林优势树种（组）净化大气 PM$_{2.5}$ 价值量分布

六、生物多样性保护

从图 4-25 可见，生物多样性保护功能价值量中乔木林价值量占 60.5%，灌木林和经济林生物多样性价值量分别为 79.76 亿元 / 年和 21.36 亿元 / 年，共占总价值量的 39.5%。山西省生物多样性保护功能价值量最高的 3 种优势树种（组）为栎类、油松和针阔混交林，分别为 44.70 亿元 / 年、34.93 亿元 / 年和 15.11 亿元 / 年，占全省生物多样性保护总价值量的 38.72%，最低的 3 种优势树种组为云杉、硬阔类和竹林，分别为 0.83 亿元 / 年、0.27 亿元 / 年和 0.001 亿元 / 年，仅占全省生物多样性保护总价值量的 0.43%（图 4-26）。

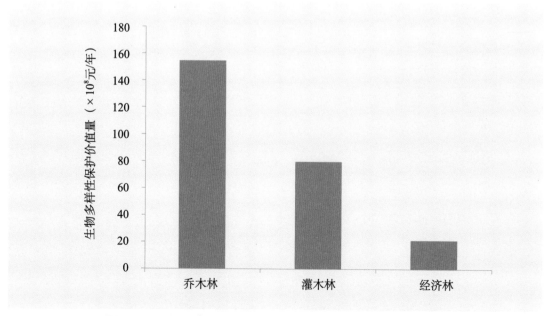

图 4-25　山西省主要树种（组）生物多样性价值量分布

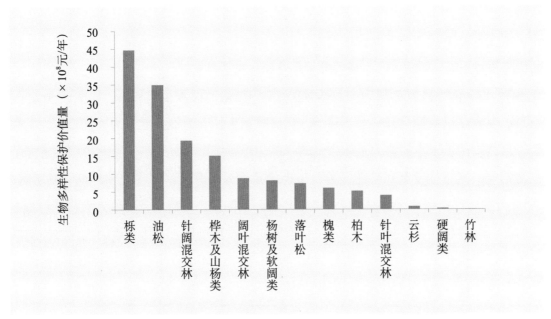

图 4-26　山西省乔木林优势树种（组）生物多样性价值量分布

灌木林、栎类和油松大部分分布在东部和西部山区，此区域是山西省生物多样性保护的重点地区，建立了许多森林公园和自然保护区，为生物多样性保护工作提供了坚实的基础。同时，正是因为生物多样性较为丰富，给这一区域带来了高质量的森林旅游资源，极大地提高当地群众的收入水平。

二、山西省不同优势树种组生态系统服务功能价值量分配格局分析

由以上评估结果可以看出，山西省森林生态系统服务在不同优势树种组间的分配格局呈现一定的规律性。

首先，根据森林资源数据分析，空间分布格局主要由其面积决定的。由以上结果可以看出，不同优势树种的面积大小排序与其生态系统服务大小排序呈现较高的正相关性，如灌木林的面积占全省森林总面积的18.84%，其生态系统服务价值量占全省总价值量的35.49%，硬阔类和竹林总面积占全省总面积的0.29%，其生态系统服务价值量占全省总价值量的0.12%。刘勇等（2012）开展了基于生物量因子的山西省森林生态系统服务功能评估，研究结果表明，山西省森林生态系统服务价值量栎类贡献最大，油松次之。该研究没有考虑灌木林的生态价值，作为占林地面积18.84%的灌木林在山西省森林生态系统服务价值量中具有重要的地位，在计算山西省森林生态系统服务价值量中是必不可少的。研究结果显示，全省灌木林服务价值量占全省总价值量的35.49%，高于全省总价值量的1/3，是山西省森林生态功能发挥的主力军。

其次，与不同优势树种（组）分布区域有关。山西省不同地理区域对于森林生态系统服务的影响作用，在第三章中已经论述，本节不再赘述，山西省不同优势树种组森林生态

系统服务价值量大小排序中，位于前三位的为灌木林、油松和栎类，其森林资源的大部分处于吕梁山脉和太行山脉，此比重均高于其他优势树种组，由于地理位置的特殊性，使得不同优势树种组间的森林生态系统服务分布格局产生了异质性。

再者，与不同起源类型有关，栎类仅占全省林地面积的3.91%，而其价值量占到10.42%，主要是因为栎类基本为天然林，天然林指未经人为干扰或人为干扰较轻，仍然保持较好自然度的以木本植物为主体组成的森林生态系统，天然林是生物圈中功能最完备的动植物群落，其结构复杂、功能完善，生态稳定性高，有较高的生物多样性（欧阳君祥，2014），有稳定的结构和完善的功能使其发挥着较高的生态系统服务价值。天然林具有不可替代的生态保障功能，是我国生态环境建设的重点保护对象。有研究表明，天然林的物种丰富度高，结构稳定、林地枯落物组成复杂而丰富。因此，在生产功能和生态功能的持续发挥等方面具有单一人工林无法比拟的优越性（李丹等，2011）。

第五章

山西省森林生态系统服务综合影响分析

　　可持续发展的思想是随着人类与自然关系的不断演化而最终形成的符合当前与未来人类利益的新发展观。目前，可持续发展已经成为全球长期发展的指导方针。旨在以平衡的方式，实现经济发展、社会发展和环境保护。我国发布的《中国21世纪初可持续发展行动纲要》提出的目标为：可持续发展能力不断增强，经济结构调整取得显著成效，人口总量得到有效控制，生态环境明显改善，资源利用率显著提高，促进人与自然的和谐，推动整个社会走生产发展、生活富裕和生态良好的文明发展道路。但是，近年来随着人口增加和经济发展，对资源总量的需求更多，环境保护的难度更大，严重威胁着我国社会经济的可持续发展。本章将从森林生态系统服务的角度出发，分析山西省社会、经济和生态环境的可持续发展所面临的问题，进而为管理者提供决策依据。

第一节　山西省生态效益科学量化补偿研究

　　通过分析人类发展指数的维度指标，将其与人类福祉要素有机地结合起来，而这些要素又与生态系统服务密切相关。其中，人类福祉要素包括年教育类支出、年医疗保健类支

　　　森林生态效益科学量化补偿是基于人类发展指数的多功能定量化补偿，结合了森林生态系统服务和人类福祉的其他相关关系并符合省级财政支付能力的一种对森林生态系统服务提供者给予的奖励。

　　　人类发展指数是对人类发展情况的总体衡量尺度。主要从人类发展的健康长寿、知识的获取以及生活水平三个基本维度衡量一个国家取得的平均成就。

出和年文教娱乐类支出。在认识三者关系的背景下，进一步提出了基于人类发展指数的森林生态效益多功能定量化补偿系数。具体方法和过程介绍如下：

该方法是基于人类发展指数，综合考虑各地区财政收入水平而提出的适合山西省的省级森林生态效益多功能定量化补偿系数（MQC）。

$$MQC=NHDI \cdot FCI \tag{5-1}$$

式中：MQC——森林生态效益多功能定量化补偿系数，以下简称"补偿系数"；

NHDI——人类发展基本消费指数；

FCI——财政相对补偿能力指数。

其中，

$$NHDI=(C_1+C_2+C_3)/GDP \tag{5-2}$$

式中：C_1、C_2和C_3——居民消费中的食品类支出、医疗保健类支出、文教娱乐用品及服务类支；

GDP——某一年的国民生产总值。

$$FCI = G/G_{全国} \tag{5-3}$$

式中：G——山西省的财政收入；

$G_{全国}$——全国的财政收入。

所以公式转换为：

$$MQC ={(C_1+C_2+C_3)/GDP } \cdot G/G_{全国} \tag{5-4}$$

由森林生态效益多功能定量化补偿系数可以进一步计算补偿总量及补偿额度，公式如下：

$$TMQC = MQC \cdot V \tag{5-5}$$

式中：TMQC——森林生态效益多功能定量化补偿总量，以下简称为"补偿总量"；

V——森林生态效益。

$$SMQC = TMQC/A \tag{5-6}$$

式中：SMQC——森林生态效益多功能定量化补偿额度，以下简称为"补偿额度"；

A——森林面积。

根据山西省统计年鉴数据，计算得出山西省森林生态效益多功能定量化补偿系数、财政相对补偿能力指数、补偿总量及补偿额度（表5-1）。

表 5-1　山西省森林生态效益多功能定量化补偿情况

补偿系数 (%)	财政相对补偿 能力指数	补偿总量（亿 元/年）	补偿额度		政策补偿 [元/(亩·年)]
			[元/(公顷·年)]	[元/(亩·年)]	
0.34	0.011	10.69	214.50	14.30	10

目前，山西省森林生态效益补偿标准分为天然林保护工程和公益林补偿两种，天保工程的补偿标准分为集体 3[元 /(亩·年)]，国有 10[元 /(亩·年)]，公益林的补偿标准分为集体 15[元 /(亩·年)]，国有 10[元 /(亩·年)]，平均政策补偿额度 10[元 /(亩·年)]。除集体公益林补偿达到生态效益补偿标准外，其他各类补偿额度都没有达到应该补偿标准。由表5-1 可以看出，山西省森林生态效益补偿额度为 10.00[元 /(亩·年)]，属于一种政策性的补偿，而根据人类发展指数等计算的补偿额度为 14.30[元 /(亩·年)]，高于政策性补偿。用这种方法计算的生态效益定量化补偿系数是一个动态的补偿系数，不但与人类福祉的各要素相关，而且进一步考虑了省级财政的相对支付能力。以上数据说明，随着人们生活水平的不断提高，人们不再满足于高质量的物质生活，对于舒适环境的追求已成为一种趋势，而森林生态系统对舒适环境的贡献已形成共识，所以如果政府每年投入约 1% 的财政收入来进行森林生态效益补偿，那么相应地将会极大提高当地人民的幸福指数，这将有利于山西省的森林资源经营与管理。

根据山西省的森林生态效益多功能定量化补偿额度和各地级市森林生态效益计算出各地级市森林生态效益多功能定量化补偿额度 (表 5-2)，山西省各地级市的森林生态效益分配

表 5-2　山西省各地级市森林生态效益多功能定量化补偿

地级市	生态效益（亿 元/年）	分配系数 (%)	补偿总量（亿 元/年）	补偿额度	
				[元/(公顷·年)]	[元/(亩·年)]
大同市	195.57	6.16	0.66	200.02	13.33
晋城市	264.83	8.35	0.89	237.80	15.85
晋中市	341.26	10.76	1.15	220.36	14.69
临汾市	467.77	14.74	1.58	221.03	14.74
吕梁市	502.61	15.84	1.69	207.96	13.86
朔州市	113.7	3.58	0.38	171.29	11.42
太原市	135.99	4.29	0.46	201.36	13.42
忻州市	478.29	15.08	1.61	217.26	14.48
阳泉市	97.85	3.08	0.33	203.55	13.57
运城市	281.1	8.86	0.95	216.87	14.46
长治市	293.67	9.26	0.99	227.41	15.16

系数介于 3.08%~15.84% 之间，最高的为吕梁市，其次为忻州市，最低的为阳泉市。补偿总量的变化趋势与补偿系数的变化趋势一致，均与各地级市提供的森林生态效益价值量成正比。但是，这与山西省的经济发展水平不一致。根据《2016 年山西省统计年鉴》可知，各地级市的财政收入由多到少的顺序为：太原市、长治市、吕梁市、临汾市、运城市、晋城市、晋中市、大同市、朔州市、忻州市和阳泉市，而其所占生态效益补偿的份额排序与此不同。由此可以看出，山西省各地级市财政收入与森林生态效益补偿总量的关系、财政收入与森林生态效益补偿总量不对等。

补偿额度最高的 3 个地级市为晋城市、长治市和临汾市，分别为 237.80[元 /(公顷· 年)]、227.41[元 /(公顷· 年)] 和 221.03[元 (公顷· 年)]；最低的 3 个地级市为太原市、大同市和朔州市，分别为 201.36[元 /(公顷· 年)]、200.02[元 /(公顷· 年)] 和 171.29[元 /(公顷· 年)]。

根据提供的山西省森林资源档案数据，将全省森林划分为 13 个优势树种 (组)、灌木林和经济林。依据森林生态效益多功能定量化补偿系数，得出不同的优势树种所获得的分配系数、补偿总量及补偿额度。山西省各树种组分配系数、补偿总量和补偿额度如表 5-3 所示，各树种组补偿分配系数介于 0.001%~35.434% 之间，最高的为灌木林，最低的为竹林，与各优势树种组的生态效益呈正相关关系。补偿额度最高的为栎类、桦木及山杨类，分别为 22.68[元 /(亩· 年)] 和 21.96[元 /(亩· 年)]，最低为竹林，仅 1.22[元 /(亩· 年)]。补偿总量的变化趋势与补偿系数的变化趋势一致，均与各树种组的森林生态效益价值量成正比。

表 5-3　山西省各树种 (组) 生态效益多功能定量化补偿

树种 (组)	生态效益 (亿元/年)	分配系数 (%)	补偿总量 (亿元/年)	补偿额度	
				[元/(公顷·年)]	[元/(亩·年)]
云杉	13.54	0.427	0.046	225.74	15.05
落叶松	106.53	3.358	0.359	214.13	14.28
油松	593.29	18.703	1.999	234.82	15.65
柏木	66.20	2.087	0.223	212.18	14.15
栎类	329.94	10.401	1.112	340.20	22.68
桦木及山杨类	107.90	3.402	0.364	329.36	21.96
硬阔类	3.94	0.124	0.013	200.29	13.35
杨树及软阔类	102.78	3.240	0.346	174.30	11.62
槐类	84.05	2.650	0.283	193.29	12.89
针叶混交林	41.22	1.300	0.139	228.12	15.21
阔叶混交林	115.77	3.650	0.390	202.72	13.51
针阔混交林	228.33	7.198	0.769	233.39	15.56
竹林	0.01	0.001	0.001	18.37	1.22
灌木林	1124.01	35.434	3.788	194.83	12.99
经济林	249.41	7.863	0.841	161.46	10.76

第二节　山西省生态 GDP 核算

生态 GDP 对于正确认识和处理经济社会发展与生态环境保护之间的关系至关重要，将生态效益纳入国民经济核算体系，可以引导人们自觉改变"先污染，后治理"的观念，树立"良好的生态环境就是宝贵财富，保护环境就是保护生产力"的理念。积极响应党的十八大报告的号召，把这种理念贯彻到经济、社会的实践中，建立考核和评价机制，促使人们加大对生态环境的保护力度。同时将生态文明建设上升到"五位一体"国家意志的战略高度，融入经济社会发展全局，从源头上解决环境问题。2016 年，山西省通过严格落实目标责任制、开展资源节约、推行节能新机制和实施重点节能减排工程等，使得全省单位 GDP 能耗同比下降 3.2%，全省化学需氧量减排 3.1 万吨，较 2015 年化学需氧量排放量下降 4.70%；氨氮减排 0.4 万吨，较 2015 年氨氮排放量下降 4.66%；二氧化硫减排 6.5 万吨，较 2015 年二氧化硫排放量下降 5.80%；氮氧化物减排 5.65 万吨，较 2015 年氮氧化物排放量下降 6.07%（《2016 年山西省环境状况公报》）。

> 生态 GDP 是指从现行 GDP 核算的基础上，减去资源消耗价值和环境退化价值，加上生态系统的生态效益，也就是在绿色 GDP 核算体系的基础上加入生态系统的生态效益。

一、核算背景

中国共产党第十八次全国代表大会报告专门提出建设生态文明是关系人民福祉、关系民族未来的长远大计，必须树立尊重自然、顺应自然、保护自然的生态文明理念，把生态文明建设放在突出地位，融入经济建设、政治建设、文化建设、社会建设各方面和全过程，努力建设美丽中国，实现中华民族永续发展。要把资源消耗、环境损害，生态效益纳入经济社会发展评价体系，建立体现生态文明要求的目标体系、考核办法、奖惩机制，作为加强生态文明制度建设的范畴。

人类社会的发展必须是和谐发展，而和谐发展要以生态文明建设为基础。其中，森林发挥了至关重要的生态效益、经济效益和社会效益，这三大效益是实现人类社会和谐发展、建设生态文明的基础。就当前我国而言，森林在促进经济又好又快发展、协调区域发展、发展森林文化产业以及应对气候变化、防沙治沙、提供可再生能源、保护生物多样性等方面具有不可替代的作用。在党的十七大报告中谈到面临的困难和问题时，把经济增长的资源环境代价过大列在第一位。而在党的十八大报告中提到前进道路上的困难和问题时，"资源环境约束加剧"仍然位列其中。2012 年 11 月 21 日，国务院召开全国综合配套改革试点工作座谈会上，时任国务院副总理李克强再次提到："要健全评价考核、责任追究等机制，加强资源环境领域的法治建设。通过体制不仅要约束人，还要激励人和企业加强节能环保工作。要更多地用法律手段调节和规范环保行为，使改革中发展的最大红利更多地体现在生态文明建设和转型发展、科学发展上"。这足以表明，资源环境问题已经成为我们党的重点关注方面。只有将环境保护上升到国家意志的战略高度，融入经济社会发展全局，才能从源头上减少环境问题。建设生态文明，不同于传统意义上的污染控制和生态恢复，而是克服工业文明弊端，探索资源节约型、环境友好型发展道路的过程。

国民经济核算体系中最为重要的总量指标——国内生产总值 (Gross Domestic Product, GDP) 反映总体经济增长水平和发展趋势，其增长指标作为各个国家宏观调控的首要目标，常被公认是衡量国家经济状况的最佳指标。然而，现行的国内生产总值 (GDP) 在其核算过程中没有考虑经济生产对资源环境的消耗利用，过高估计了经济活动的成就，不能衡量社会分配和社会公正，使巨大的自然资源消耗成本和环境降级成本被忽略，导致为了单纯追求 GDP 的增长而使得自然资源和环境状况为其付出沉重代价，最终导致经济不能可持续发展，加剧全球性生态灾难，使得人类居住环境日益恶化，甚至威胁到人类的生存与发展。

为了校正国民核算体系中 GDP 核算的不合理性，人们提出了"绿色 GDP"核算体系，其内涵便是环境成本的核算，把经济发展中的自然资源耗减成本和环境资源耗减成本纳入国民经济的核算体系。绿色 GDP 是扣除经济活动中投入的资源和环境成本后的国内生产总值，是对 GDP 核算体系的进一步完善和补充，然而绿色 GDP 核算仅考虑了经济发展消耗资源的量，而没有考虑资源再生产的价值，即自然界自身的生态效益。简单地认为"经济产出总量增加的过程，必然是自然资源消耗增加的过程，也必然是环境污染和生态破坏的过程"，在一定程度上忽略了自然界的主动性，进而制约了创造生态价值的积极性。同时，绿色 GDP 核算体系不符合生态文明评价制度，不能担当生态文明评价体系的重任。

为了探索生态文明评价制度的创新途径，建立生态文明评价体系，中国林业科学研究院首席专家王兵研究员通过认真学习十八大报告关于生态文明建设内容的精髓，结合自己多年的研究和思考，于 2012 年 11 月在国内外率先提出了"生态 GDP"的概念，即在现行 GDP 的基础上减去环境退化价值和资源消耗价值，加上生态效益，也即在原有绿色 GDP 核算体系的基础上加入生态效益，弥补了绿色 GDP 核算中的缺陷。在用科学的态度继续探索绿色 GDP 核算的基础上，改进和完善了环境经济核算体系，提出了能真实反映环境、经济、社会可持续发展的、顺应民意、合乎潮流的"生态 GDP"理论，无论从核算制度和体系角度，还是从核算方法和基础角度上都能进一步推展开来。

二、核算方法

经环境调整后生态 GDP 核算，以环境价值量核算结果为基础，扣除环境成本（包括资源消耗成本和环境退化成本），再加上生态服务功能价值，对传统国民经济核算总量指标进行调整，形成经环境因素调整后的生态 GDP 核算。首先，构建环境经济核算账户，包括实物量账户和价值量账户，账户分别由 3 部分组成：资源耗减、环境污染损失、生态系统服务功能。然后，利用市场法、收益现值法、净价格法、成本费用法、维持费用法、医疗费用法、人力资本法等方法对资源耗减和环境污染损失价值量进行核算。

三、核算结果

（一）资源消耗价值

根据《山西省统计年鉴》，2016 年山西省能源消费总量为 15958.30 万吨标准煤，原煤、原油、电力和天然气的比例分别为 41.28%、7.45%、32.99% 和 18.28%。根据文献计算出山西省 2016 年资源消耗价值为 232.07 亿元（潘勇军，2013）。

（二）环境损害核算

本书对环境污染损害价值从四个方面进行核算：①环境污染造成的生态损失；②资产加速折旧损失；③人体健康损失；④环境污染虚拟治理成本。

1. 环境污染造成的生态损失

环境污染对生态环境造成的损失核算：将环境污染所造成的各类灾害所引起的直接经济损失作为环境污染对生态环境的损失价值，根据《2016 年山西省环境状况公报》和《2016 年山西省统计年鉴》，得到山西省 2016 年环境污染物造成的生态损失价值为 0.097 亿元。

2. 资产加速折旧损失

由于环境污染对各类机器、仪器、厂房及其他公共建筑和设施等固定资产造成损失，各类污染物会对固定资产产生腐蚀等不利作用，加速固定资产折旧，使用寿命缩短、维修费用增加等，利用市场价值法对污染造成的固定资产损失进行核算。根据潘勇军的测算方法得出，2016 年山西省资产加速折旧损失为 19.19 亿元。

3. 人体健康损失

环境污染对人体健康造成的损失是一个极其复杂的问题。环境污染对人体健康的影响主要表现为呼吸系统疾病、恶性肿瘤、地方性氟和砷（污染）中毒造成的疾病，参照文献及相关统计资料中的相关数据（潘勇军，2013），仅考虑环境污染造成的医疗费用增加和直接劳动力损失进行人体健康损失费用核算，最终得出山西省环境污染导致人体健康损失费用为 78.90 亿元。

4. 环境污染虚拟治理成本

经济活动对环境质量的损害主要是由于经济活动中各项废弃物的排放没有全部达到排放标准，应该经过治理而没有治理，对环境造成污染，使环境质量下降所带来的环境资产价值损失。通过《中国统计年鉴 2016》统计出的污染物数据，并结合文献中提及的处理成本，计算得出 2016 年山西省环境污染虚拟治理成本为 55.49 亿元。

（三）山西省生态 GDP 核算结果

2016 年山西省传统 GDP 总量为 12928.34 亿元，根据生态 GDP 的核算方法：生态 GDP= 传统 GDP 总量 − 资源消耗价值 − 环境退化价值（环境污染造成的生态损失 + 资产加速折旧损失 + 人体健康损失 + 环境污染虚拟治理成本）+ 生态服务价值（因省份不同各指标系数不同）。最终计算得出，山西省 2016 年生态 GDP 达 15385.22 亿元，相当于当年传统 GDP 的 1.19 倍。

（四）各地级市生态 GDP 核算结果

山西省各地级市的生态 GDP 核算账户见表 5-4，可以看出各地级市的传统 GDP 与资源消耗价值和环境损害价值存在一定的相关性。其中，太原市、临汾市和运城市的资源消耗价值和环境损害价值总和占传统 GDP 的比重较高，主要是因为以上 3 个地级市均为山西省经济较为发达的地区，资源消耗量较高。经计算得出的各地级市间的绿色 GDP 排序与传统 GDP 相同，并且均有不同程度的降低，降低比例最高的仍为以上 3 个地级市，均在 3.0% 以上，各地级市间的生态 GDP 排序与传统 GDP 存在差异，与各地级市间的森林资源分布差异性有关。其中，生态 GDP 排序上升的有吕梁市和临汾市，上升幅度分别为 5 位和 1 位。与图 4-2 对比可以看出，生态 GDP 排序上升的地级市，其森林生态服务价值均排在山西省的前列，且吕梁市位于第一位。这充分表明生态系统提供的生态效益巨大，其无形的存在价值支持着经济发展，生态产品提供的生态效益在国民经济发展中起着功不可没的作用，大大消减了由于资源和环境损害造成对 GDP 增长率的减少量。

所以，生态 GDP 既考虑了经济活动对资源消耗价值和环境污染带来的外部成本，促进加快经济发展方式转化，向以集约型，效益型、结构型发展方式转变的技术进步，又考虑了生态系统所带来的生态效益纳入国民经济核算中，体现人类社会和自然和谐共生的关系。

表 5-4 山西省各地级市生态 GDP 核算账户

地级市	传统GDP		资源消耗	环境损害				绿色GDP		森林生态效益（亿元）	生态GDP	
	量值（亿元）	排序		污染物造成的生态损失（亿元）	资产加速折旧（亿元）	人体健康损失（亿元）	环境污染虚拟治理成本（亿元）	量值（亿元）	排序		量值（亿元）	排序
大同市	1060	5	26.69	0.007	1.69	8.11	5.37	1018.13	5	195	1213.13	7
晋城市	1040.2	7	16.02	0.006	1.36	3.52	4.79	1014.50	7	264.74	1279.24	6
晋中市	1046.12	6	16.7	0.007	1.42	5.69	5.03	1017.27	6	190.28	1207.55	8
临汾市	1161.1	3	30.9	0.011	3.02	10.13	6.19	1110.85	3	467.61	1578.46	2
吕梁市	955.8	8	11.09	0.005	0.74	3.93	3.25	936.79	8	502.62	1439.41	3
朔州市	910	9	10.32	0.003	0.63	1.79	2.50	894.76	9	113.7	1008.46	10
太原市	2735.34	1	51.04	0.029	4.04	18.43	10.22	2651.58	1	135.94	2787.52	1
忻州市	680	10	7.1	0.003	0.35	0.77	2.14	669.64	10	475.06	1144.70	9
阳泉市	598.85	11	5.98	0.002	0.20	0.05	1.76	590.86	11	97.83	688.69	11
运城市	1173.54	2	30.12	0.016	3.59	16.10	8.23	1115.48	2	281.04	1396.52	4
长治市	1137.1	4	26.11	0.008	2.15	10.38	6.01	1092.44	4	292.5	1384.94	5

参考文献

阿丽亚·拜都热拉，玉米提·哈力克，等 . 2015. 干旱区绿洲城市主要绿化树种最大滞尘量对比 [J]. 林业科学 , 51(3): 57-64.

蔡炳花，王兵，杨国亭，等 . 2014. 黑龙江省森林与湿地生态系统服务功能研究 [M]. 哈尔滨 : 东北林业大学出版社 .

陈仲新，张新时 . 2000. 中国生态系统效益的价值 [J]. 科学通报 , 45(1): 17-22.

杜庭玉 . 2013. 山西省煤矿地质灾害的监测与预防 [D]. 太原 : 山西大学 .

董秀凯，梁启 . 2009. 关于吉林省通化集体林权制度改革的实践经验 [J]. 当代生态农业 , 2: 132-134.

樊兰英，孙拖焕 . 2017. 山西省油松人工林的生产力及经营潜力 [J]. 水土保持通报 , 37 （5）：176-181

方精云，徐嵩龄 . 1996. 我国森林植被的生物量和净生产量 [J]. 生态学报 , 16 (5): 497-508

方精云，位梦华 . 1998. 北极陆地生态系统的碳循环与全球温暖化 [J]. 环境科学学报 , 18 (2): 113-121.

方精云，柯金虎，等 . 2001. 生物生产力的 "4P" 概念、估算及其相互关系 [J]. 植物生态学报 , 25 (4): 414-419

房瑶瑶 . 2015. 森林调控空气颗粒物功能及其与叶片微观结构关系的研究——以陕西省关中地区森林为例 [D]. 北京 : 中国林业科学研究院 .

房瑶瑶，王兵，牛香 . 2015. 陕西省关中地区主要造林树种大颗粒物滞纳特征 [J]. 生态学杂志 , 34(6): 1516-1522.

丁增发 . 2005. 安徽肖坑森林植物群落与生物量及生产力研究 [D]. 合肥 : 安徽农业大学 .

郭慧 . 2014. 森林生态系统长期定位观测台站市局体系研究 [D]. 北京 : 中国林业科学研究院

高一飞 . 2016. 中国森林生态系统碳库特征及其影响因素 [D]. 北京 : 中国科学院大学 .

国家发展与改革委员会能源研究所 (原国家计委能源所) . 1999. 能源基础数据汇编（1999）/[G]. P16.

国家林业局 . 2004. 国家森林资源连续清查技术规定 [S]. 北京 : 中国标准出版社 .

国家林业局 . 2007. 干旱半干旱区森林生态系统定位监测指标体系 (LY/T 1688—2007) [S]. 北京 : 中国标准出版社 .

国家林业局 . 2007. 暖温带森林生态系统定位观测指标体系 (LY/T 1689—2007)[S]. 北京 : 中国标准

出版社 .

国家林业局 . 2003. 森林生态系统定位观测指标体系 (LY/T 1606—2003)[S].

国家林业局 . 2005. 森林生态系统定位研究站建设技术要求 (LY/T 1626—2005) [S].

国家林业局 . 2010. 森林生态系统定位研究站数据管理规范 (LY/T 1872—2010) [S].

国家林业局 . 2008. 森林生态系统服务功能评估规范 (LY/T 1721—2008) [S].

国家林业局 . 2011. 森林生态系统长期定位观测方法 (LY/T 1952—2011) [S].

国家林业局 . 2010. 森林生态站数字化建设技术规范 (LY/T 1873—2010) [S].

国家林业局 . 2007. 湿地生态系统定位观测指标体系 (LY/T 1707—2007) [S].

何维灿 , 赵尚民 , 等 . 2016. 基于 GIS 和 CSLE 的山西省土壤侵蚀风险研究 [J]. 水土保持研究 , 23 (3): 58-64.

季静 . 2013. 京津冀地区植物对灰霾空气中 $PM_{2.5}$ 等细颗粒物吸附能力分析 [J]. 中国科学 : 生命科学 , 43 (8): 694-699.

蒋延玲 , 周广胜 . 1999. 中国主要森林生态系统公益的研究 [J]. 植物生态学报 , 25(5): 426-432.

梁守伦 . 2002. 关于山西生态林业区划的探讨 [J]. 山西林业科技 , 4: 29-33.

刘勇 , 等 . 2012. 基于生物量因子的山西省森林生态系统服务功能评估 [J]. 生态学报 , 32 (9): 2699-2706.

李少宁 , 王兵 , 郭浩 , 等 . 2007. 大岗山森林生态系统服务功能及其价值评估[J]. 中国水土保持科学 , 5(6): 58-64

李琳 , 杜倩 , 等 . 2017. 空气负离子研究进展 [J]. 现代化农业 , 12: 30-31.

李晓阁 . 2005. 城市森林净化大气功能分析及评价 [D]. 长沙 : 中南林业科技大学 .

李丹等 . 2011. 我国天然林与人工林的比较研究 [J]. 林业调查规划 , 36 (6): 59-63.

李瑞忠 . 2009. 山西省水土保持现状与对策 [J]. 科技情报开发与经济 , 19(16): 156-157.

马璨 , 楚医峰 , 殷晓轩 . 2016. 空气负离子临床应用与中医环境养生 [J]. 中医药临床杂志 , 5: 628-630.

牛香 . 2012. 森林生态效益分布式制算及其定量化补偿研究——以广东和辽宁省为例 [D]. 北京 : 北京林业大学 .

牛香 , 宋庆丰 , 王兵 , 等 . 2013. 山西省森林生态系统服务功能 [J]. 东北林业大学学报 , 41(8): 36-41.

牛香 , 王兵 . 2012. 基于分布式测算方法的福建省森林生态系统服务功能评估 [J]. 中国水保持科学 , 10 (2): 36-43.

潘勇军 . 2013. 基于生态 GDP 核算的生态文明评价体系构建 [D]. 北京 : 中国林业科学研究院 .

欧阳君祥 , 肖华顺 . 2014. 天然林保育理论基础研究 [J]. 中南林业调查规划 , 33 (1): 46-49.

任军 , 宋庆丰 , 山广茂 , 等 . 2016. 吉林省森林生态连清与生态系统服务研究 [M]. 北京 : 中国林业出版社 .

苏志尧. 1997. 广州白云山风景区的植被和主要植物群落类型 [J]. 华南农业大学学报, 2: 23-29

宋庆丰. 2015. 中国近 40 年森林资源变迁动态对生态功能的影响研究 [D]. 北京: 中国林业科学研究院.

山西省统计局. 2015. 山西统计年鉴 (2015) [M]. 北京: 中国统计出版社.

山西省林业厅. 2006. 山西省林业"十一五"发展规划 [R].

山西省林业厅. 2011. 山西省林业"十二五"发展规划 [R].

夏尚光, 牛香, 苏守香, 等. 2016. 安徽省森林生态连请与生态系统服务研究 [M]. 北京: 中国林业出版社.

王兵. 2011. 广东省森林生态系统服务功值评估 [M]. 北京: 中国林业出版社.

王兵. 2016. 生态连清理论在森林生态系统服务功能评估中的实践 [J]. 中国水土保持科学.

王兵, 崔向慧. 2003. 全球陆地生态系统定位研究网络的发展 [J]. 林业科技管理, (2): 15-21.

王兵, 崔向慧, 杨锋伟. 2004. 中国森林生态系统定位研究网络的建设与发展 [J]. 生态学杂志, 23(4): 84-91.

王兵, 鲁绍伟. 2009. 中国经济林生态系统服务价值评估 [J]. 应用生态学报, 20(2): 417-425.

王兵, 鲁绍伟, 尤文忠, 等. 2010. 辽宁省森林生态系统服务价值评估 [J]. 应用生态学报, (7): 1792-1798.

王兵, 马向前, 郭浩, 等. 2009. 中国杉木林的生态系统服务价值评估 [J]. 林业科学, 45(4): 124-130.

王兵, 任晓旭, 胡文. 2011. 中国森林生态系统服务功能的区城异研究 [J]. 北京林业大学学报, 33(2): 43-47.

王兵, 宋庆丰. 2012. 森林生态系统物种多样性保育价值评估方法 [J]. 北京林业大学学报, 34(2): 157-160.

王兵, 魏江生, 胡文. 2009. 贵州省黔东南州森林生态系统服务功能评估 [J]. 贵州大学学报: 自然科学版, 26(5) 42-47.

王兵, 魏江生, 胡文. 2011. 中国灌木林—经济林—竹林的生态系统服务功能评估 [J]. 生态学报, 31(7): 1936-1945.

王兵, 郑秋红, 郭浩. 2008. 基于 Shannon-Wiener 指数的中国森林物种多样性保有价值评估方法 [J]. 林业科学研究, 21 (2): 268-274.

王颖. 2011. 山西省水资源系统压力综合评价 [J]. 水力发电学报, 30(6): 189-198.

徐国泉. 2006. 中国碳排放的因素分解模型及实证分析: 1995—2004[J]. 中国人口·资源与环境, 16 (6): 158-161.

王孟本, 范晓辉. 2009. 山西省近 50 年气温和降水变化基本特征研究 [J]. 山西大学学报（自然科学版）, 32 (4): 640-648.

谢高地,等.2003.青藏高原生态资产的价值评估 [J]. 自然资源学报, 18 (2): 189-196.

谢婉君,等.2013.生态公益林水土保持生态效益遥感测定研究 [D]. 福州:福建农林大学.

杨锋伟,鲁绍伟,王兵.2008.南方雨雪冰冻灾害受损森林生态系统生态服务功能价值评估 [J]. 林业科学, 44 (11): 101-110.

杨蝉玉.2014.山西省水资源利用效率分析 [J]. 山西农业科学, 42(6): 625-628.

杨军.2017.山西省水土保持发展理念探讨 [J]. 中国水土保持, (7): 1-3.

杨凤萍.2013.基层水利事业单位固定资产管理探讨 [J]. 山西水土保持科技, (1): 32-33.

张维康.2016.北京市主要树种滞纳空气颗粒物功能研究 [D]. 北京:北京林业大学.

张水利,杨锋伟,王兵,等.2010.中国森林生态系统服务功能研究 [M]. 北京:科学出版社.

李存才.2013.用"生态 GDP"核算美丽中国 [N]. http://www. cfern. comcn/wcb/my 20104/02/content964437. htm.

张辉.2013.生态 GDP 生态文明评价制度创新的抉择 [N]. 中国绿色时报.

张辉,王建兰,牛香.2013.一项开创性的里程碑式研究——探寻中国森林生态系统服务功展研究足迹 [N]. 中国绿色时报, 2-4 (A3).

张杨.2016.山西省国家水土保持重点建设工程实践成效与做法 [J]. 山西水利, 32 (9): 21-22.

张维康,等.2015.北京不同污染地区园林植物对空气颗粒物的滞纳能力 [J]. 环境科学, (7): 2381-2388.

庄家尧.2008.水文观测中径流量计算精度的改进 [J]. 南京林业大学学报(自然科学版), 32 (6): 147-150.

张维康.2015.北京不同污染地区园林植物对空气颗粒物的滞纳能力 [J]. 环境科学, (7): 2381-2388.

Constanza R, d'Arge R, de Groot R, et al. 1997. The value of the world's ecosystem services and natural capital [J]. Nature, 387: 253-260.

Daily GC, et al. 1997.Nature's services: Societal dependence on natural ecosystems [M]. Washington DC: Island Press.Environment, 11(2): 1008-1016.

Wang D, Wang B, Niu X. 2013. Forest carbon sequestration in China and its benefits[J]. Scandinavian Journal of Forest Research, 129(1): 51-59.

Fang J Y, Wang G G, Liu G H, et al. 1998. Forest biomass of China:An estimate based on the biomass-volume relationship [J]. Ecological Applications, 8(4): 1084-1091.

Fang J Y, Chen A P, Peng C H, et al. 2011. Changes in forest biomass carbon storage in China between 1949 and 1998[J]. Science, 292: 2320-2322.

IPCC. 2003. Good practice guidance for land-Use, land-Use change and forestry[J]. The Institute for Global Environmental Strategies (IGES).

Hagit Attiya. 2008. 分布式计算 [M]. 北京:电子出版社.

J Hofman, I Hovorková, KT Semple. 2014. The variability of standard artificial soils: behaviour, extractability and bioavailability of organic pollutants[J]. Journal of Hazardous Materials, 264 (2): 514-520.

MA (Millennium Ecosystem Assessment). 2005. Ecosystem and Human Well-Being: Synthesis [M]. Washington D C: Island Press.

Niu X, Wang B, Wei W J. 2013. Chinese forest ecosystem research network: A plat form for observing and studying sustainable forestry [J]. Journal of Food, Agriculture & Environment, 11(2): 1232-1238.

Niu X, Wang B. 2013. Assessment of forest ecosystem services in China: A methodology [J]. Journal of Food, Agriculture &Environment, 11(3&4): 2249-2254.

Odum, H. T. and Jiang Y. 1993. The ecological system [M]. Beijing: Science Press.

Odum, H. T. 1994. The emergy of natural capital.Investing in natural capital: the ecological economics approach to sustainability [M]. Washington (DC): Island Press, 200-214.

Palmer M A, Morse J, Bemhardt E, et al.2004.Ecology for a crowed plant[J]. Science, 304: 1251-1252.

Sutherland W J, Armstrong-Brown S, Armsworth P R, et al. 2006. The identification of 100 ecological questions of high policy relevance in the UK [J]. Journal of Applied Ecology, 43: 617-627.

Wang B, Cui X H, Yang F W. 2004. Chinese forest ecosystem research network (CFERN) and its development [J]. China E-Publishing, 4: 84-91.

Wang B, Wei W J, Xing Z K, et al. 2012. Biomass carbon pools of Cunninghamia lanceolata (Lamb.) Hook. forests in subtropical China: Characteristics and potential [J]. Scandinavian Journal of Forest Research: 1-16.

Wang B, Wei W J, Liu C J, et al. 2013. Biomass and carbon stock in moso bamboo forests in subtropical China: Characteristics and implications [J]. Journal of Tropical Forest Science, 25(1): 137-148.

Wang B, Wang D, Niu X. 2013. Past, present and future forest resources in China and the implications for carbon sequestration dynamics [J]. Journal of Food, Agriculture & Environment, 11(1): 801-806.

You W Z, Wei W J, Zhang H D. 2012. Temporal patterns of soil CO_2 efflux in a temperate Korean Larch (Larix olgensis Herry.) plantation, Northeast China[J]. Trees, 27(5): 1417-1428.

Xue P P, Wang B, Niu X. 2013. A simplified method for assessing forest health, with application to Chinese fir plantations in Dagang Mountain,Jiangxi China [J]. Journal of Food, Agriculture & Environment, 11(2): 1232-1238.

名词术语

森林生态系统连续观测与清查

森林生态系统连续观测与清查，简称森林生态连清，是以生态地理区划为单位，以森林生态站为依托，采用长期定位观测技术和分布式测算方法，定期对森林生态效益进行全指标体系观测与清查，它与国家森林资源连续清查相耦合，评价一定时期内的森林生态效益、进一步了解森林生态系统结构和功能的动态变化。

森林生态功能

森林生态系统的自然过程和组分直接或间接地提供产品和服务的能力，包括生态系统服务功能和非生态系统服务功能。

生态系统服务

生态系统可以直接或间接地为人类提供各种惠益，生态系统服务建在生态系统功能的基础之上。

森林生态连清分布式测算方法

森林生态连清的测算是一项非常庞大、复杂的系统工程，将其按照行政区、林分类型、起源和林龄等划分为若干个相对独立的测算单元。然后，基于生态系统尺度的定位实测数据，运用遥感反演、模型模拟（如 IBIS- 集成生物圈模型）等技术手段，进行由点到面的数据尺度转换，将点上实测数据转换至面上测算数据，即可得到森林生态连清汇总单元的测算数据，以上均质化的单元数据累加的结果即为汇总结果。

森林生态系统修正系数

基于森林生物量决定林分的生态质量这一生态学原理，森林生态功能修正系数是指评估林分生物量和实测林分生物量的比值。反映森林生态服务评估区域森林的生态功能状况，还可以通过森林生态质量的变化修正森林生态系统服务的变化。

贴现率

又称门槛比率，指用于把未来现金收益折合成现在收益的比率。

森林生态效益科学量化补偿

基于人类发展指数的多功能定量化补偿，结合了森林生态系统服务和人类福祉的其他相关关系并符合省级财政支付能力的一种对森林生态系统服务提供者给予的奖励。

人类发展指数

对人类发展情况的总体衡量尺度，主要从人类发展的健康长寿、知识的获取以及生活水平三个基本维度衡量一个国家取得的平均成就。

生态 GDP

在现行的 GDP 核算的基础上，减去资源消耗价值和环境退化价值，加上生态系统的生态效益，也就是绿色 GDP 核算体系的基础上加入生态系统的生态效益。

附　表

山西省森林生态服务功能评估社会公共数据

编号	名称	单位	数值	来源及依据
1	水库建设单位库容投资	元/立方米	6.93	中华人民共和国审计署，2013年第23号公告：长江三峡工程竣工财务决算草案审计结果，三峡工程动态总投资合计2485.37亿元；水库正常蓄水水位高175米，总库容393立方米。贴现至2016年
2	水的净化费用	元/吨	3.37	根据山西省物价局网站，山西省居民用水的平均价格
3	挖取单位面积土方费用	元/立方米	69.52	依据2002年黄河水利出版社出版《中华人民共和国水利部水利建设工程预算定额》（上册）中人工挖土方Ⅰ和Ⅱ类土类没100立方米需42工时，人工费依据《山西省建筑工程计价定额》（SXJD-JZ-2011），人工工日单价110元/工日，贴现2016人工工日单价165元/工日
4	磷酸二铵含氮量	%	14.00	
5	磷酸二铵含磷量	%	15.01	化肥产品说明
6	氯化钾含钾量	%	50.00	
7	磷酸二铵化肥价格	元/吨	3641.83	根据中国农资网（http://www.ampcn.com）2008年山西省磷酸二铵市场价格2570元/吨贴现至2016年
8	氯化钾化肥价格	元/吨	3090.03	根据中国化肥网（http://www.fert.cn）2008年山西省氯化钾化肥价格2190元/吨贴现至2016年
9	有机质价格	元/吨	882.87	根据中国农资网（http://www.ampcn.com）2013年鸡粪有机肥的春季平均价格800元/吨贴现至2016年
10	固碳价格	元/吨	944.01	采用2013年瑞典碳税价格：136美元/吨二氧化碳，人民币兑美元汇率按照2013年平均汇率6.2897计算，贴现至2016年
11	制造氧气价格	元/吨	1433.67	采用中华人民共和国国家卫生和计划生育委员会网站（http://www.nhfpc.gov.cn/）2007年春季氧气平均价格（1000元/吨），再根据贴现率转换为2016年的现价
12	负离子产生费用	元/10^{18}个	9.5	根据企业生产的使用范围30平方米（房间高3米）、功率为6瓦、负离子浓度1000000个/立方米、使用寿命为10年、价格每个65元的KLD-2000型负离子发生器而推断获得，其中负离子寿命为10分钟，根据《中国能源发展报告（2013）》，2012年中国平均销售电价为625.19元/兆瓦时，再根据价格指数（电力、热力的生产和供应业）将2012年电价折算为2016年现价为0.65元/千瓦时

（续）

编号	名称	单位	数值	来源及依据
13	二氧化硫治理费用	元/千克	2.05	根据中华人民共和国国家发展和改革委员会第四部委2003年第31号令《排污费征收标准及计算方法》中北京市高硫煤二氧化硫排污收费标准1.20元/千克；氟化物排污收费标准0.69元/千克；氮氧化物排污收费标准0.63元/千克；一般粉尘排污收费标准0.15元/千克，分别贴现至2016年
14	氟化物治理费用	元/千克	1.17	
15	氮氧化物治理费用	元/千克	1.07	
16	降尘清理费用	元/千克	0.26	
17	$PM_{2.5}$所造成的健康危害经济损失	元/千克	4801.57	根据David等2013年《Model $PM_{2.5}$ Removal by Trees in Ten U.S.Cities and Associated Health Effects》中对美国10个城市绿色植被吸附及健康价值影响的研究。其中，价值贴现至2016年，人民币对美元汇率按照2013年平均汇率6.2897计算
18	PM_{10}所造成的健康危害经济损失	元/千克	31.23	
19	生物多样性保护价值	元/（公顷·年）	——	根据Shannon-Wiener指数计算生物多样性保护价值，采用2008年价格，即： Shannon-Wiener指数<1时，S_1为3000元/（公顷·年）； 1≤Shannon-Wiener指数<2时，S_1为5000元/（公顷·年）； 2≤Shannon-Wiener指数<3时，S_1为10000元/（公顷·年）； 3≤Shannon-Wiener指数<4时，S_1为20000元/（公顷·年）； 4≤Shannon-Wiener指数<5时，S_1为30000元/（公顷·年）； 5≤Shannon-Wiener指数<6时，S_1为40000元/（公顷·年）； Shannon-Wiener指数≥6时，S_1为50000元/（公顷·年）。 通过工业生产者出厂价格指数将2008年价格折算为2016年的现价

附 件

山西省森林生态系统监测网络体系建设现状

　　山西省森林生态系统监测网络体系建设始于 2013 年，在省发改委立项（《关于山西省森林生态系统监测网络建设可行性研究报告的批复》晋发改农经发〔2013〕2293 号），开始了全省森林生态定位观测站建设和森林生态服务价值研究。依据全省生态林业区划，结合森林生态类型区划分，历时 5 年，在全省建立了 10 个省级森林生态站，与已有的 3 个国家级生态站，构建山西省森林生态系统监测网络体系，包括 3 个国家级森林生态站（太行山森林生态站、太岳山森林生态站、山西吉县黄土高原森林生态站），10 个省级森林生态站：芦芽山森林生态站、金沙滩森林生态站、关帝山森林生态站、中条山森林生态站、太原市城市森林站、五台山森林生态站、太行山森林生态站、右玉森林生态站、偏关森林生态站、临县森林生态站。山西省森林生态系统监测网络体系在布局上能够充分体现区位优势和地域特色，兼顾了森林生态站布局在国家和地方等层面的典型性和重要性，已形成层次清晰、代表性强的森林生态站网，可以承担相关站点所属区域的森林生态连清工作。

梯度塔

林内气象场

水量平衡杨

坡面径流场

地面气象站

风蚀监测系统

仪器分析区

实验区

展示区

山西省召开森林生态价值新闻发布会

2018 年 6 月 27 日，山西省政府新闻办公室召开山西省森林生态价值新闻发布会，公布 2016 年山西省森林生态总价值量为 3172.64 亿元（相当于当年全省 GDP 的约 1/4），每公顷森林的价值量为 6.37 万元。中国林业科学研究院、山西省林业厅相关领导和专家出席发布会并答记者问，中央驻晋媒体和省内有关新闻媒体参加新闻发布会。

山西省森林的生态价值评估研究始于 2013 年，省林业厅安排专项资金，组织科技人员开展了全省森林生态站建设和森林的生态价值评估研究。历时 5 年，在全省不同森林类型区建立了 10 个省级森林生态站，结合已有的 3 个国家级森林生态站，构成了全省森林生态效益监测网络。省林业厅在中国林业科学研究院的技术支撑下，利用这 13 个森林生态站的生态连清数据、2016 年森林资源数据、社会公共数据，按照林业行业标准《森林生态系统服务功能评估规范》（LY/T1721—2008），对山西省森林的涵养水源、保育土壤、固碳释氧、生物多样性保护、净化大气环境、林木积累营养物质、森林游憩 7 项主要生态功能的价值进行评估研究。这是山西省首次自己完成的全省森林生态价值评估。研究报告通过了专家评审，专家组认为评估研究数据来源可靠、方法科学、结论可信。

发布会上，山西省林业厅厅长任建中和其他 3 位新闻发言人从森林生态系统的涵养水源、净化大气环境、保育土壤、固碳释氧、生物多样性保护等五项主要生态功能进行了解读，并就开展森林生态系统服务功能评估对促进山西省林业发展和生态文明建设的意义、山西省的价值量、森林对 $PM_{2.5}$ 等严重危害人体健康的颗粒物滞纳效果、林业部门如何运用评估结果指导林业建设、通过哪些措施提高森林生态系统服务功能价值量、森林与绿色 GDP 的关系等问题回答了记者提问。

媒体报道（一）

媒体报道（二）

媒体报道（三）

媒体报道（四）

媒体报道（五）

媒体报道（六）

山西省森林生态系统服务功能价值评估始于 2013 年，在省发改委立项后，山西省林业科学研究院开展了全省森林生态系统定位观测站建设和森林生态系统服务功能价值评估研究。2018 年 6 月 27 日，山西省政府新闻办公室召开山西省森林生态价值新闻发布会，公布 2016 年山西省森林生态总价值量为 3172.64 亿元（相当于当年全省 GDP 的约四分之一），每公顷森林的价值量为 6.37 万元。中国林业科学研究院、山西省林业厅相关领导和专家出席发布会并答记者问，中央驻晋媒体和省内有关新闻媒体参加新闻发布会。

新闻发布会后，几家媒体对该项工作进行了专访，刷新了公众对森林生态价值的认知，部分市县、基层林场和保护区对这项工作有了新的认识，积极要求对其森林资源进行评估。长期以来，人们对森林价值的认识比较片面，大多认为只有采伐木材和生产林产品，森林才有价值，没有认识到森林生态系统服务功能的价值，即便认识到了，也因为无法测量而不能被社会认可。通过本次评估，我们可以看到森林生态系统服务不仅有价值，而且价值巨大。从评估工作可以看出，森林提供的涵养水源、净化大气环境、固碳释氧等良好的生态环境是最公平的公共产品，是最普惠的民生福祉，是广大居民幸福感的重要指标。大家作为良好生态环境的直接受益者和享用者，人人都可以平等消费、共同享用森林提供的服务。如果生态系统遭到破坏，其生态系统服务就会丧失，每个人的生产、生活都会受到影响，因此在这里我们要呼吁，请大家要善待森林、善待环境、善待自己。

"中国森林生态系统连续观测与清查及绿色核算"系列丛书目录

1. 安徽省森林生态连清与生态系统服务研究，出版时间：2016 年 3 月

2. 吉林省森林生态连清与生态系统服务研究，出版时间：2016 年 7 月

3. 黑龙江省森林生态连清与生态系统服务研究，出版时间：2016 年 12 月

4. 上海市森林生态连清体系监测布局与网络建设研究，出版时间：2016 年 12 月

5. 山东省济南市森林与湿地生态系统服务功能研究，出版时间：2017 年 3 月

6. 吉林省白石山林业局森林生态系统服务功能研究，出版时间：2017 年 6 月

7. 宁夏贺兰山国家级自然保护区森林生态系统服务功能评估，出版时间：2017 年 7 月

8. 陕西省森林与湿地生态系统治污减霾功能研究，出版时间：2018 年 1 月

9. 上海市森林生态连清与生态系统服务研究，出版时间：2018 年 3 月

10. 辽宁省生态公益林资源现状及生态系统服务功能研究，出版时间：2018 年 12 月

11. 森林生态学方法论，出版时间：2018 年 12 月

12. 内蒙古呼伦贝尔市森林生态系统服务功能及价值研究，出版时间：2019 年 7 月

13. 山西省森林生态连清与生态系统服务功能研究，出版时间：2019 年 7 月